一眼洞悉男人心

冯国涛◎编著

中国華僑出版社
·北京·

图书在版编目 (CIP) 数据

一眼洞悉男人心 / 冯国涛编著 .—北京：中国华侨出版社，2012.8（2025.1 重印）

ISBN 978-7-5113-2304-0

Ⅰ . ①一… Ⅱ . ①冯… Ⅲ . ①男性—心理学—通俗读物 Ⅳ . ① B844.6-49

中国版本图书馆 CIP 数据核字（2012）第 069618 号

一眼洞悉男人心

编　　著：冯国涛
责任编辑：刘晓燕
封面设计：胡椒书衣
经　　销：新华书店
开　　本：710 mm × 1000 mm　1/16 开　　印张：12　　字数：136 千字
印　　刷：三河市富华印刷包装有限公司
版　　次：2012 年 8 月第 1 版
印　　次：2025 年 1 月第 2 次印刷
书　　号：ISBN 978-7-5113-2304-0
定　　价：49.80 元

中国华侨出版社　北京市朝阳区西坝河东里 77 号楼底商 5 号　邮编：100028
发 行 部：（010）64443051　　　　传　　真：（010）64439708

前言

Preface

男人是本难懂的书，却是女人不得不读的书，只有读懂了这本书，女人才能真正了解男人的内心所想，了解男人的行为习惯，了解如何经营好自己的爱情和婚姻。

这是一本外表华丽的“精装书”，书中写满了男人的甜言蜜语。那些感天动地的海誓山盟，那些温柔体贴的关怀之语，哪个女人不为之心动？同时，这本书也表现了很强的实用性，男人愿意为你在雨中撑起伞，男人甘心做你的“钱包”，哪个女人不被他征服？

这也是一本晦涩难懂的“天书”，书中的逻辑和法则是女人怎么也想不通的。为什么我好不容易爱上了他，他却选择要离开？为什么他那么爱我，却不想和我结婚？为什么他在婚后完全变了一个人？原来，这本书并不像看起来那么悦目。

大多数女人在男女双方的较量中疲惫不堪，越是抓得紧，越感觉抓不住，自己的信心一点点地被消磨，彼此之间的猜忌也越来越重。但是，并不是所有的女人都读不懂男人这本书。有的女人，看起来没有什么特别之处，反倒能抓住男人的心，把自己的爱情和婚姻经营得井井有条，这让许多女人是既羡慕又嫉妒。其实，原因只有一个，那就是这种女人善于运用智慧，她们善于观察，善于沟通，从而真正读懂了男人这本书。所以，她们才是幸福的女人。

智慧的女人不会奢望天上掉下一个好男人，她们会抓住身边的男人，用自己的智慧培养他，引领他。在爱情和婚姻中，她们懂得管男人要有张有弛，让男人不至于失去自由；她们知道男人的面子大如天，所以在外人面前总会表现得温顺服帖；她们明白男人心中的理想女人是怎样的，所以她们一方面让自己美貌如花，一方面力争做一个温柔贤淑的好妻子。这就是她们成为幸福女人的原因。

如果你也想看透男人这本“天书”，如果你也想成功打造一个好男人，那么就请打开这本解密男人的书吧。拥有智慧，才能获得幸福。

目录

Contents

第一章　你看到的也许只是假象

——如何看穿面具下的他

第二章　男人的爱情逻辑与女人不同

——帮你参透他的爱情法则

第三章　细节之中透露男人本性

——从这些细节中寻找蛛丝马迹

第四章 男人的审美是个谜
——找出男人心中的理想女人

第八章 男人的尊严不容挑战

——不要碰触男人的底线

第一章

你看到的也许只是假象

——如何看穿面具下的他

人们都说“恋爱中的女人智商为零”，这当然和女人是天生的情感动物有关，但男人所表现出来的温柔体贴和绅士风度等也是重要原因。男人可以为你花钱，可以制造一连串的浪漫，甚至可以对你做出海枯石烂的承诺。在这所有“糖衣炮弹”的攻击下，女人只有束手就擒的份儿了。可是陷入“陷阱”后的女人往往会大呼上当，那是因为她们终于明白了男人之前的表现只是假象而已。

“钱包”是秘密，男人不轻易透露

女人最大的幸福就是找一个能够依靠的男人，这种依靠除了精神上的依赖感之外，更多的是一种物质上带来的安全感。相比男人而言，女人更缺乏安全感，所以，无论是在爱情还是在婚姻里面，女人选择一个男人更多的是寻求一种安全感。男人可以让女人依靠的东西，除了他们的气概，便是他们所能带来的物质保障了。因此，女人总喜欢探求男人的财务状况，似乎只有充分掌握了男人的财务状况，才会真正安心。而男人则不同，他们不管是从自己的角度考虑，还是从女人的角度考虑，他们都不喜欢女人探求自己的财务状况，因为那是他们的秘密。

为什么男人将自己的财务状况看作是他们最隐秘的个人秘密呢?

首先，我们可以从女人的角度来分析。了解男人的财务状况并不是说女人就一定要掌握男人的财政大权，而是女人想让自己更了解这个男人，想让自己有一种安全感。你负责赚钱养家，我负责貌美如花，这是很多女人对理想的婚姻生活的期冀。

女人喜欢掌握男人的财务状况的另外一个原因就是，几乎所有的女人都觉得“男人有钱就变坏”。只有充分地了解男人的财务状况，掌握他日常的收支变动情况，才能让自己安心，以便防止男人变坏。

女人喜欢掌握男人的财务状况，因为在女人看来，男女的理财观念不同。男人确实比女人会挣钱，但不一定会花钱。想要男人的钱得到充分的利用，发挥它应该有的最大功用，还得靠女人。因为，在对待金钱方面，女人比男人更有规划性，她们是天生的管家，能够合理安排男人的金钱。

而男人则不会这么想。在男人看来，男人的财政状况是他们最看重的个人包装，一旦女人对他们的财务状况了如指掌，多少就会降低他们的个人魅力。在男人看来，一个女人就是因为对男人的财务状况不了解，所以才会保持对男人的极大兴趣。因为不了解，他们可以在女人面前无所畏惧地表现自己，让女人产生无尽的联想，从而保持兴趣。

其次，就是信任问题。男人在初次涉及感情的时候，他们害怕女人是因为自己的金钱对他们产生兴趣，而不是因为真正爱上他们的人。另外，如果他们本身财务状况不佳，一旦被女人知道，他们害怕女人因此对他们失去兴趣。所以，他们总喜欢将自己的财务状况当做最深的秘密隐藏起来。

男人将自己的财务状况隐藏起来，多多少少也是因为自己的面子问题。大多数男人都是大男子主义，他们不希望在同事朋友面前是一个“妻管严”的形象，他们想让所有人觉得自己在家里是权威，家里一切都是自己说了算，男人要吸烟、要喝酒、要消遣，甚至有些男人还希望在自己女人之外的女人面前展示风度，这些都是男人不便对女人言明的。因此，他们不希望自己的财务状况完全暴露在女人面前，否则的话他们就失去了自由。

爱人之间需要相知相爱，但并不一定要亲密无间，再亲密的人之间也要有一定的空间。男人觉得一旦你知道了他们的财务状况，就知道了他们的一切，似乎他们在你面前是透明了，这只会让他们感觉不自在。他们不喜欢这种完全透明的感觉。

都说女人爱虚荣，其实男人也是爱虚荣的。女人每个月发多少工资，恨不得向老公报告得一清二楚，因为她们不管自己挣的钱是多还是少，都不会觉得这有什么隐瞒的必要。而男人则不同，男人通常喜欢在别人尤其是自己的女人面前表现得像个有钱人，这就是虚荣心在作祟。所以，他们不喜欢女人了解自己的财务状况，他们不愿意自己最好的包装被揭开。

不管怎么说，在男人看来，他们的钱包决定了他们的魅力与能力。当他们的钱包还是秘密的时候，他们就可以把这种秘密当做王牌，在女人面前寻找虚荣心的满足。而一旦他们的钱包不再是秘密，他们就仿佛失去了一张王牌，因为他们觉得这样会让女人失去了探求的兴趣，也让自己的自尊心受到一定的打击。

有一个有趣的现象，男人和女人在领工资的时候有截然不同的表现。女人从来都是三五成群地来领工资，领完了还会大呼小叫地互相交流几句。工资、奖金都不是她们的秘密。而男人则不同，从没见过男人像女人那样成群结伙去领工资，而且在领到工资的时候还互相问上一句。他们从来都是一个人来领工资，领完都是看一眼然后毫无表情地离开。有的男人为了不让别人知道他的工资情况，甚至还会偷偷地叮嘱会计不要告诉别人，尤其是他们身边亲密的人。

在金钱方面，女人是虚荣的，但女人的虚荣是表现在外边的，是透明的。她们有了钱恨不得告诉天下所有的人，她们就要买漂亮衣服，就要靠消费来显示自己的高兴。而男人的虚荣则是靠包装自己来满足的，是隐藏在他们内心之中的。女人的虚荣心其实很简单，它能够靠一串项链、一件衣服就可以满足，而男人的虚荣心却是要靠层层的包装来满足的。

女人请记住，虽然你们非常渴望掌握男人的财政状况，但请不要轻易去打探，因为男人把这当做隐藏最深的秘密，是不会轻易透露的！

可以暂时依靠，但不代表靠得住

受女人欢迎的男人不外乎这几种：长得帅的，有钱的，有才华的，为人好的。但一提到结婚，女人们最看重的却是这个男人可靠不可靠。的确，每个女人都希望自己找一个可靠的男人托付终身，那么到底什么样的男人才是可靠的男人呢？那些可以依靠的男人就真的值得女人把一生交付给他们吗？

关于可靠，女人的观念也不尽相同。有人说长得帅的男人不可靠，长得丑的男人才可靠。真的吗？有人说有钱的男人靠不住，因为男人有钱就变坏，所以找可靠男人，或者找一个家庭条件和自己相当的，或者找一个不如自己的。真的吗？

那些拿恋爱不当回事的男人肯定不可靠，但成熟稳重也不一定可靠。要知道男人的可靠，不会写在脸上，更不会那么轻易地用三言两语就能预测。一个人的外表是最容易伪装的，如果你不练就一双火眼金睛，是难以发现男人伪装的外表下的真实内在的。

有这样一个小故事：一个大学生去参加一场面试，因为这个应聘者长相稚嫩，虽然他在笔试中成绩很好，在面试中也能应答如流，但却在最后被主考官告知自己长相不成熟，给人不可靠的感觉，不能胜任这份工作。在这个应聘者即将出门的时候，他突然转过身对着主考官鞠了一个躬，然后不急不慢地说道："什么是可靠，长相吗？如果是这样，我可以利用3分钟的时间换一身正装，我可以用5分钟的时间换一个头型，我完全可以用2分钟时间，将自己化装成一本正经的样子。而一个人的学识，却不是可以用这么短的时间能伪装的。"

求职应聘如此，找一个托付终身的男人也是相同的道理。男人的可靠不是年龄所能代表的，也不是装束、行为所能代表的，男人的可靠是容易伪装的，所以，当女人你要找一个可靠的男人的时候，千万不可只根据一个男人的外表就下结论。

《血色浪漫》曾是一部很火的电视剧。很多女人都会对这样一个男人有着复杂的感情：因为他有才、有能力，有着独特的人格魅力，所以爱他；有一个女人对他死心塌地，他却爱上了别的女人；即便有两个女人用一生去爱着他，他却还可以爱上另外一个女人，所以很多女人恨他。他就是钟跃民，有的女人说他是一个可靠的男人，因为他有思想、有能力，只要他愿意，他可以给女人们想要的名誉、地位、金钱，所以女人愿用生命爱他一生。可有的女人又说，这是一个完全不可靠的男人，不值得任何一个女人托付终身，因为他自私到只为自己着想。

那么，钟跃民到底是不是一个可靠的男人呢？这里有两种结论。同意的人认为他是一个可靠的男人，因为他有能力，又讲义气，这样的男人能不可靠吗？不同意的人认为他总是按照自己的想法行事，完全不会去考虑别人的感受，在一个又一个女人都为他付出全部感情的时候，他一样可以说舍去就舍去，这样的男人真的可靠吗？这样的男人能值得女人托付吗？

我们往深处去分析，男人的可靠与否不是仅靠金钱、能力可以衡量的，也不是感情所能一言以蔽之的。面对社会我们要生存，就一定要有金钱的维持，而我们却不能将感情卖给金钱。我们想找一个对我们全心全意，又能给我们想要的一切的男人。这样的男人在女人心中，才是真正可靠的男人。

如此高的要求，那世界上真的有这样的男人吗？即使有的话，遇上的概率比中彩票还低吧？那么，女人就一定要记住：靠男人不如靠自己。男人的可靠是容易伪装的，任何一个人都可能在你紧紧依靠的时候突然抽身离去，包括你所认为的那个永远不会背叛你的男人。俗话说："靠山山倒，靠人跑。"人生活在世界上，需要靠的是自己，所以，请不要把自己的希望全部寄托在一个所谓的可靠男人身上，这是很危险的。

一位著名主持人曾这样说过："千万不能把男人当做信仰。"天底下大多数男人本性都一样，即使真有靠得住的男人也不一定会让我们正好遇上。所以，一般情况下，男人的可靠是不能指望的，它是长了翅膀的，随时可以飞走。而你要想真的可靠，就一定要在有所依靠的时候也把重心放在自己身上。只有自己学会了安身立命的技能，有了坚强的内心，才能顺利通过命运的考验。

即使已经失败，他也拒不承认

生活中，我们经常可见有些小男孩很爱逞强，他们明明某件事做错或失败了，却不向老师或者家长认输。很多父母会说，自己家的孩子很要强，嘴巴比骨头还硬，要他认错真比登天还难。其实不仅是小男孩，成年男人也是如此，他们都喜欢充当永不出错的死硬派，尤其是在自己喜欢的女人，比如女朋友或妻子面前。他们不是不知道自己错了或失败了，但就是不肯承认，因为他们害怕一旦认错，就丧失了自己的权威，这是男人最在意的。

在一个家庭里面，男人是一家之长，不仅要在心爱的女人面前建立权威，更要在孩子面前树立威信。男人认为父亲对于孩子来说就是英雄，英雄是不会犯错误的。为了不致影响他们在孩子心中的光辉形象，即使有错误，他们也不肯承认。他们惹女人生气时，宁愿费尽心机去哄女人开心，也不愿用一个认错换取两人的轻松和解。或许女人会说，这是男人死要面子活受罪。但在男人看来，他们天生就是面子动物，他们就是喜欢给自己找别扭，总觉得自己是顶天立地的男子汉，男子汉怎么会失败？在男人看来，男人的爱面子，就像女人爱名声一样，这是毋庸置疑的。一个女人有多在乎名声，男人就有多在乎自己的面子。张霞毕业于山东一所著名的理工大学，毕业后在一家不错的传媒公司做会计。她是一个十分理智的女人，感情在她看来也不过就是解开一道比较复杂的数学计算题。但是，现在的她已经 29 岁了，在经历了第一次感情后，说出了这么一段意味深长的话：“男人到底是什么动物啊？他们的错误就像一加一等于三那么容易找到，他们就偏偏不向你认错。即使你用了最周密的推理论证，证明他们确实错了，他们的嘴巴依然可以硬得像铁做的一样，任你怎样，他就是不会承认他错了。甚至当他理屈词穷的时候，就像小孩子一样说一句‘反正我没错’来赖账。”为什么男人面对自己的错误，会有这样的表现呢？难道认错会让他们低人一等吗？难道在女人面前认个错，他们就会不如女人，就动摇了自己在家庭中的地位了吗？

在男人看来，一旦他们认错，自己就低人一等，就会让自己的形象受损。他们总希望自己是高高在上的，是没有任何缺点的，尤其是在另一半面前。男人非常害怕因为承认错误而降低自己的地位，尤其是在女人面前的地位。这其实是男人维护自己权威的心理在作祟，他们害怕权威的丧失，害怕认错降低了地位后，就会失去女人对他的崇拜，这会让他们的自尊心受到很大的打击。基于以上考虑，他们宁愿做死不认错的死硬派，宁愿让女人觉得他们蛮不讲理，宁愿死要面子活受罪，也不愿意直接承认自己的错误。看，这就是男人的逻辑。

男人已经是死不认错了，那么，女人应该怎样面对一个喜欢充当永不出错的死硬派的男人呢？是选择像男人一样将错误进行到底呢，还是非要让男人认错才肯罢休呢？

女人其实有两条路可以走：如果不做女强人，还可以做贤妻良母。

而男人呢，他们只有一条路可以走，他们只能做强人。他们害怕自己的强人权威受到质疑，即使是对他们权威稍微有所威胁的行为，他们也是不愿意作为的。从另一方面来说，女人又何必去执着于男人的一个认错呢？对于女人它或许只是一个态度问题，并没有那么重要，但对于男人来说却关系到面子、有关权威，是男人非常看重的。

生活中也好，工作中也好，女人一定要记住：即使你是一个女强人，也要明白男人喜欢做永不出错的死硬派，他们的目的只是不希望自己的权威丧失罢了，这并没有威胁到女人的任何利益。

有这样一句话："爱就要努力在一起。"爱情和婚姻中需要的是包容，男人努力为你们的爱情建立经济基础，你为何不能努力地包容他的一点儿小错误呢？你为何要挑战他努力建立起来的权威呢？假如你一味地在这个问题上纠结，最后你将失去你的爱情，这是得不偿失的事情啊。

浪漫很美妙，却可能是雾中花

每个女人都有一个公主梦，都希望有浪漫的爱情，浪漫的婚姻，希望自己的另一半是风度翩翩的痴情王子。不仅是那种小鸟依人的女人这么想，那些独立自主的事业型女强人同样也希望有一个浪漫的男人作为伴侣。有些男人深谙女人的这种心理，他们总是能够因为这种浪漫抓住不同女人的心。可以说，浪漫是男人最强有力的手段。

我们都知道，男人是行为动物，他们的思想很大程度上是为他们的行为服务的。而男人的浪漫，男人的所有情调，其实都是他们谋求欲望的手段。遇到老实的男人，很多女人总爱抱怨他们不够情调，实际上是她们不够明白，所谓的浪漫不过是他们行为、目的的伪装。

生活中这样的事屡见不鲜。一个女孩被一个男孩追求，刚开始女孩不肯答应男孩的追求，可是最后总会在男孩的死缠烂打、百般浪漫柔情中“缴械投降”，让男孩达到最终的目的。浪漫这种武器可是致命的，不管何种女人都抵挡不住浪漫的诱惑。

几年前有一部全国热播的电视剧《不要和陌生人说话》，剧中即将升任副院长的外科手术专家安嘉和，在全院乃至全厦门都很有地位，不仅医术高明、事业有成，而且长相帅气、脾性十分随和，是很多女人梦寐以求的结婚对象，这样一个男人给了女人所有浪漫的幻想。然而令所有人想破脑袋都意料不到的是，这样一个男人，他所表现出来的完美和对所有女人的百般柔情只不过都是他变态心理的伪装。一旦他达到了目的，他就对已经到手的女人不再珍惜，甚至拳脚相加。

当年这部电视连续剧引起的反响很大。身边的朋友每次提到男人，都会不由自主地说：“以后再也不会轻易地被男人的柔情，被男人的浪漫手段迷惑双眼了。当他们达到自己的目的的时候，他们的真实面目可是不可预知的。”电视剧是虚构的，但女人要是万一自己也碰上一个外表浪漫温柔，内心却极度阴暗的男人，那这辈子岂不是要完了？

或许你会说，哪有那么多像安嘉和那样的心理不健康的男人啊？大多数男人还是正常的。但是你也不得不承认，在安嘉和没有达到娶到梅湘楠这个目的之前，他在所有女人包括梅湘楠眼里，都是一个完美的男人，他的浪漫、温柔吸引了那么多女人。既然一个心理有问题的男人都可以为了谋求欲望，将柔情浪漫表现得那么出色，去深深打动梅湘楠，捕获梅湘楠的芳心，一个心理健康的男人，又有什么不可能如此呢？

浪漫是男人的手段，这是和他的欲望成正比的，当他想要你嫁给他的时候，他会使出浑身解数，钻戒、玫瑰花、烛光晚餐等，所有能想到的他通通都能做出来。有人说，男人是披着羊皮的狼，女人就是他们不变的目标。当他们认准自己的目标的时候，总会用羊的柔情满足女人所有的浪漫需求；一旦他们达到自己的目标，他们就会慢慢地恢复狼的本质。而这时，女人要么学会驯服男人这匹狼，要么彻底地臣服在男人的权威下。能够做到前者的女人很少，大多数女人还是只能臣服在男人脚下。

浪漫很美妙，却可能是雾中花，是男人为达到目的而给女人灌下的迷魂汤。女人天生希望有人疼爱，柔情相待，而男人总能很好地把握女人的这一心理。于是，他们不时地编造甜言蜜语去迎合身边的女人。不是男人天生满怀柔情，不是男人天生喜欢甜言蜜语，他们只是抓住了女人的心理需求，用它当做谋求目的的手段。

有这样一句话：“在爱情的世界里，没有谁对不起谁，只有谁不珍惜谁。”的确，人总是念念不忘于未得到的，而自己所拥有的东西，直到失去了才知道后悔。其实，浪漫并不是最重要的，因为浪漫不能持久。女人，不要总是抱怨身边的男人不够情调，不要总是埋怨身边的这个男人不懂得浪漫，要知道，有时候男人的浪漫不仅是奢侈的，更是他们本质目的的伪装。

没有无缘无故的柔情，也没有无缘无故的浪漫，他们所要的回报可能比几句甜言蜜语的付出要丰厚得多。在浪漫的糖衣炮弹下，女人要么心甘情愿地和他们同床共枕，要么心服口服地放弃指责他们同别的朋友外出，甚至众叛亲离。一时的甜蜜换来的可能是一辈子的痛苦，只有真心对你的男人才会给你真正的幸福。所以，女人一定要学会分清男人的真情假意，一定要在男人的浪漫中保持头脑的清醒，千万不要为了雾中的花，失去了真正的幸福，否则，悔之晚矣。

为了某种目的，男人会选择说谎

如果有个男人告诉你他没有说过谎，那他这句话本身就是在撒谎。根据英国某调查机构的研究报告，男人说过的谎是女人的两倍，一个男人平均每天要说 6 个谎。相对于女人来说，男人的谎言大都掩藏在庄严、正经的面目之下，所以听起来都很“可信”。但这并不是说女人就对男人的谎言失去了识别能力，因为凡是谎言就会有漏洞。

在这里，我们将说谎的男人分为 3 类：

（1）为隐瞒而说谎的男人

每个人心中都有不能说的秘密，但如果男人不想让女人知道，完全可以不说，没必要去编造一个谎言来掩盖真相。谎言没被拆穿时，女人们会觉得自己是最幸福的人，有一个如此爱自己的男人。但是一旦谎言拆穿，即使男人再解释，女人们也会心灰意冷了。

林娜刚和王峰谈恋爱的时候，王峰坦白了他和另外一个女人的故事。他们是彼此的初恋，但是他说他们现在因为是同事，所以还有联系，但只是普通的朋友。林娜对王峰的坦诚很是欣赏，觉得自己找到了一个好的归宿。

但是后来，林娜的一个好朋友提醒林娜，说王峰可能外面有女人，因为有一次在宾馆，林娜的朋友看见了王峰和一个女人很亲密的样子。林娜顿时产生了怀疑，所以她找到那个女人的邮箱和MSN，以陌生男人的名义经常和她聊天。谁知那个女孩说有一个男人是她的初恋，他会天天陪她聊天，从不间断，经常跟她通电话，并且还许诺2012年之前一定会回去娶她，然后一起出国，现在两个人平均每个月都会见两次面……

林娜很痛苦，这个她深爱着的、天天叫她老婆的男人竟会同时给两个女人承诺，同时对着两个女人说甜言蜜语。她深爱的男友竟然一直在脚踏两只船，一直在欺骗自己。

（2）为虚荣而说谎的男友

都说女人爱虚荣，实际上男人更爱虚荣。男人的虚荣是发自内心的，这种虚荣更加不得了。他们不会像女人那样攀比衣着、打扮，他们要的是征服世界，扬名四海，流芳百世。因为男人是一种面子动物，为了在朋友或者其他人面前显示出自己的才能，他们不惜说谎。这种谎言，大多数时候女人是不得而知的。但如果你巧遇了他的朋友或者同事，你会发现原来很多本来是你的杰作反而成了他的了。

李霞两年前认识现在的男友。一开始由于工作的原因两人没有生活在一起，后来李霞确定把北京作为她最终的发展城市，他们之间才开始真正走进对方的生活。但在一起生活3个月之后，李霞发现男友的做法让她忍无可忍。

李霞的手机被偷之后，自己又买了一部，而李霞的男朋友却对他朋友说是他买的，还强调花了挺多钱。而事实是，他们之间除了一起吃饭的时候是男友付账单之外，李霞从未花过男友一分钱。

还有一件事，李霞非常喜欢旅游，拍照是她的兴趣所在，平时会在自己的空间放上在各地拍摄的照片。李霞的摄影技术很好，而李霞的男友会告诉他公司的同事说他们俩去了哪里哪里，并且把相片给他们看，说效果很好的照片是他拍摄的。而事实的真相是：男友根本就不懂摄影，照出来的照片根本就没有保留价值。

（3）为钱而撒谎的老公

同床异梦对女人来讲是最痛苦的，枕边人竟然会跟自己耍起了手段。明明两个人近在咫尺，心却咫尺天涯。女人面对爱情通常是全心付出，自己的一切都毫无保留地交给老公，包括钱。但是，不少男人却把女人的信任当成了自己得利的手段，为了得到女人的钱，有些男人会不惜撒各种各样的谎。

陈慧和老公恋爱7年才结婚，恋爱时他们感情基础很好。婚后她丈夫在各方面也对她不错，是个顾家的男人并且无不良嗜好。可去年过年前3天，陈慧的家里来了许多要账的人。陈慧追问原因，丈夫却一直遮遮掩掩。陈慧想不出什么理由会欠债主20多万元，就问丈夫，他说借给朋友了。但事后陈慧问遍了丈夫所有的朋友，大家都说非但没拿到过他一分钱，还借给他不少钱。陈慧一直想问清楚，可是丈夫不是闪烁其词，就是大发脾气。这可是一笔不小的钱，陈慧被这来路不明的债务压得喘不过气来，她不想跟一个满口谎言的男人继续过下去了……在日常生活中，男人的谎言无处不在，甚至他们的谎言已形成了具体的套路和模式。而且男人撒谎撒多了，会慢慢就将谎言当成事实，到最后，连他们自己也无法分辨何为谎言、何为真实了。

撒谎的套路和模式就像公司的规章制度一样，有条有据，用起来毫不费力。比如他们不记得妻子的生日、结婚纪念日、孩子的生日，便会解释说今天老板让他去参加一个重要会议，没来得及买礼物。

生活中，不少女人会被一些事业有为、成熟稳重的中年男人所吸引，而这类男人大多已是有妇之夫。为了自己的欢愉，一些男人不惜编造各种各样的谎言，让天真的女人们心甘情愿地做他们的情妇。这种男人是可耻的，女人们一定要远离这种男人。这种花心男人的谎言会随着你们关系的进展而持续更新，天真的女人千万不要被迷惑。下面对这类男人的谎言列举一二。

（1）你是我见过的最可爱、美丽、聪明……的女孩，我喜欢你

在对你说这句话以前，不知道他已对别的女人说过几百遍，他信手拈来，尽管你可能真的被感动。你可以接受他的赞美，但不要被赞美冲昏了头脑。

（2）我现在单身

他看上去倜傥风流，幽默风趣，而且还自称单身。但千万要记住，口说无凭，你这又不是民政部门有据可查。这么优秀的男人，除非是天生的贵族，否则肯定是他的妻子精心调教出来的极品。

（3）我只是想和你聊聊天，没有别的意思

深夜宾馆相邀，只为聊天，这明眼人一看就知道是谎言，但是陷入爱情中的你智商已经下降为零，或者你认为自己意志够坚定。千万不要有这样的幻想，要知道他可是个情场老手。继续爱他还是放弃他？天一亮就成为你最头痛的问题。

（4）我生活得很不幸福，我和妻子没有任何共同语言

没有共同语言，那为什么当初要结婚？幸福是两个人的事情，不幸福就把责任推给妻子，这种人无情无义无责任感。还有一种可能，他很爱自己的妻子，但是此刻他需要新鲜的刺激，而你就是他的猎物。

（5）我极力克制我自己，但是抵挡不了你的诱惑

男人的这句话会让你心花怒放，因为一是赞美了你致命的吸引力，二是让你自觉已经完全迷住了他。给你这样的幻觉，你才能继续陪他玩儿下去。

（6）请你再给我一点儿时间

男人不会跟妻子离婚，他当然也不会直接告诉你，他只会用这种模糊的语言让你还抱有幻想。谁知道他说的一点儿时间是几个月还是几年？这是最常见也最易拆穿的谎言，他其实是在告诉你“你没戏了”。

（7）我真心地想跟你说对不起

男人想要分手都会说对不起，这其实是最没有感情的话。早知道会对不起，当初又何必去招惹？

即使内心脆弱，他也要逞强

同学今年已经快 30 岁了，结婚也已经 5 年了，婚后她从没和丈夫吵过一次架，现在已经有了个聪明伶俐的儿子。在外人看来，他们可是最甜蜜的一家了。前两天和她坐在一起喝茶，两个人聊着聊着就聊到了男人。

“你说男人怎么就这么奇怪啊？真想不通他们在想什么，你说我们家那位吧，平时就知道逞强，时间长了，我也习惯了他那副要强到死的脾气。你说我们家那个小的，怎么这么小就一副他爸爸的脾气啊，小小年纪就学会了逞强。”

同学叹了口气，继续说道：“就说昨天吧，小家伙起床后突然就不要我穿衣服了，非要自己穿，结果在那儿费了半天劲儿也没有穿进去，我看着他在那儿急得满头大汗，一副认真的模样，就去逗他。孩子经不起逗，顿时更急了，眼泪都在眼圈里打转了。看到他那样，我赶紧走过去说：‘儿子，妈妈帮你穿吧，你自己穿多慢啊。’这一说不要紧，孩子生气了，转过头不理我了，一副不服气的样子，似乎在说：我怎么穿不上，小瞧我是不是！你说就一个还没满两周岁的孩子，他就学会了他爸爸那样逞强，还学会了掩饰自己的脆弱。你说是不是男人都这样，和他们的年龄并没有关系？”

听完同学的诉说，我不禁想到了自己身边那个也爱逞强的男人，在他面前即使我再要强，也只能让步，什么走路不能走在他的外边啊，什么过马路要拉紧他的手啊，什么外人面前我不能付钱啊，什么有事只要告诉他，没有他办不成的事啊……男人在女人面前，就是喜欢把自己变成无所不能的孙行者，好像他们是无所不能的，没有他们办不到的事情。

“你说他们男人怎么那么爱逞强呢？其实他们也有脆弱的时候啊。”同学的话拉回了我的思维，“我还记得我们刚结婚那会儿，他为了做一顿饭弄得全身是伤，都不愿意求我。有一次，他出门办事，不知道怎么就和别人打起来了，一向柔柔弱弱的他，弄得一脸鼻青脸肿地回来，我问他怎么了，死活就是不告诉我，见我逼急了，他索性把自己锁到屋子里了。后来我打电话问了一圈才知道，原来是小区里有个邻居在喝酒时，因为几句话没有和他说到一起，就和人家打了起来。”男人这种逞强的作风是与生俱来的，还记得小小年纪的时候，男孩子都会为了保护身边的女孩子挺身而出；就开始学会了甩开父母帮助的手；就学会在女生面前吹嘘自己有多厉害；还记得恋爱的时候，你说要天上的星星，即使是无法办到的事情，你的那个他也会拍拍胸脯说他可以……

男人就是喜欢以强者自居，他们喜欢英雄救美的角色，他们最不喜欢女人说他们不行，他们碰到困难不会像女人那样流泪，只会把眼泪收进心里……这就是男人，那个总喜欢逞强的男人，在朋友面前，他们不会坦诚自己的内心脆弱，在心爱的女人面前，他们更不会承认自己的脆弱，他们只会让女人相信他们是可以做到的。

男人喜欢逞强，这并不是说男人就没有脆弱。实际上，男人比女人累得多，负担更重。男人从小就被教导着要坚强，不能哭；加入社会后，男人更是要独力承担所有的困难，承担家庭的责任，社会的责任。这样的重担之下，谁能不累？但是因为他是男人，所以他别无选择。男人表现出的所谓天不怕、地不怕其实是被整个男性文化逼出来的。大多数男人为了证明自己是个真正的男子汉，将所有的委屈和痛苦独自承受，不愿意让别人认为他脆弱。但人的承受力是有限度的，生活中男人免不了有脆弱的时候，当压力让他们难以忍受的时候，脆弱才会表现出来。

男人一般不愿意公开承认自己的烦恼和压力，他们觉得那样会让人瞧不起，因而他们遇事总喜欢硬撑。男人的口头禅是“我能搞定”、“相信我，没事的”，实际上他们需要别人来帮助他们。即使快承受不住了，他们仍旧像原始的野兽一样躲到山洞里，默默舔舐伤口。男人其实才是最孤独的人，他们没有一个同伴可以共同克服困难，解决问题。除非特别铁的哥们儿，他们是不会求助于任何人的，女人就更不可能了。

社会的压力在女人身上可能不那么明显，但是对于男人来说，社会压力几乎无处不在，压得他们透不过气来。由于社会角色的差异，男人在面临工作不安定尤其是失业的危机时，他们找不到地方去宣泄内心的不满和压力，久而久之就容易导致孤僻、猜疑、疲惫、失眠等问题，严重影响心理健康。这种不堪重负的男人有一个特定的称谓——灰色男人。他们的共同点是：像陀螺一样疯狂地工作，妻儿过上体面的生活是他们的最高追求，但是寂寞的时候会想起年少轻狂时候的宏伟志向，想着自己一直想去做但没有机会去做的事情；虽然每周都会去健身房，但是仍然经常失眠，肠胃欠佳；希望自己疲惫的时候有女人贴心的关怀，但是想起生存的压力和婚外恋的麻烦，就只能望而却步了。他们有着一颗脆弱的心，却无法寻求安慰。

作为女人，首先要知道再坚强的男人也有他们的脆弱，他们也只是普通的人，只不过他们站在了男人的位置，喜欢隐藏自己的脆弱，而女人不用去隐藏罢了。基于此，女人不要总把你身边的那个男人想成是万能的，根本不去了解他的承受力，更不要给他不断地增加压力。殊不知，他或许已经被你压得喘不过气来，而他为了不让自己在女人面前显得无能、无助，唯有忍受。等到他没有办法忍受的时候，往往就是悲剧的开始。

其次，女人要学会关怀男人。男人要养家、要养老婆、要买房、要买车，还要对女人好，一个男人承受的压力远远要比女人想象的大得多，而男人其实也和女人一样，都是平常人，他们没有三头六臂，更不是万能的。所以，女人要能够体会男人的脆弱，学会主动给他们贴心的关怀，或许他们不会表现出自己的无助，或许你也不用明白地盘问他们的彷徨，只要在旁边默默地支持他们就好。

男人没有他们想象的那么坚强，甚至他们比任何人都脆弱，只不过他们善于隐藏自己，善于装扮自己的脆弱罢了。男人也是需要依靠的！所谓聪明的女人，并不是那些在职场如鱼得水的女人，而是在男人需要逞强的时候，成全他们的逞强，在他们需要依靠的时候，提供温暖的怀抱的女人。对于男人的脆弱，既要给予他们应该的关怀和支持，又要顾及他们的面子，保存他们的自尊心。

男人爱喝酒，其实是为了发泄

女人十个有九个不喜欢男人喝酒，而男人偏偏是十个有九个都喝酒。女人们不能理解酒为什么会有那样的魅力，让男人每天晚上连家都不想回。说实话，女人恨酒，酒抢走了本应该属于自己的欢乐时光。每天深夜，多少女人在家中苦苦守候，希望男人早点儿回家，因为一个人的房间真的很空荡。可这时的男人正在和他的朋友们在喝酒，一瓶接一瓶，他们才不管时间有多晚。女人恨酒，还因为醉酒的男人让人厌恶。有的男人喝醉之后，回家倒头大睡，哪管妻子在一边偷偷地抹眼泪。其实这样还算好的，有的男人喝醉酒之后又哭又闹，还摔打东西，女人们憋了一肚子的气，可是还得劝他们喝水解酒，伺候他们睡觉，事后还要清理满地的污物。男人为什么要喝酒，女人们百思不得其解。

酒精能麻醉人，男人之所以喝醉，求的就是一种麻醉。与其说男人喝的是酒，不如说男人喝的是寂寞，是孤单，是脆弱。平常，男人们像机器一样玩儿命地工作，他们要面对职场的尔虞我诈、上司的指责、同事的嫉妒、下属的猜测、客户的刁难……他们要承受的实在太多，他们总是要受到这样那样的限制。但是，这些他们是不会跟自己的女人说的。这跟信任无关，他们只想给自己的家人带来快乐，这些烦恼压力他们宁愿埋在心里独自承担。俗话说“男儿有泪不轻弹”，但是男人其实特别想有一个可以哭的理由，有一个可以依靠的肩膀，但是世俗很少给他们这么一个机会或者相应的环境。这种内心的压抑会不断积累，等到积累到一定程度的时候，男人们承受不住了，他们无处宣泄，只好用酒精来麻醉自己。只有在喝酒当中，他们才敢放纵自己，借机发泄心中的不满。

醉酒后的男人其实是很想找一个人倾诉的，他们一般会选择自己深爱的人，信任的人，也就是自己的妻子。于是，深夜当女人们在担心、埋怨中入睡后，经常会接到男人的电话，讲的全是乱七八糟不着调的话，听上两句女人就会明白，他肯定是喝酒了。这时候的女人心里是很生气的，一方面为自己的男人心疼，喝这么多酒肯定伤身，但是她们又恨，恨男人只图自己逍遥快活，让女人在家忍受寂寞。人家好不容易睡着，又打一通这样莫名其妙的电话，搁谁身上，都会生气的。于是，女人们大多冲着电话大骂一通，抱怨一通，然后气鼓鼓地挂上电话。可是她们哪里知道，电话那边的男人听到电话"嘟嘟嘟嘟"的忙音，该是怎样的失落，哀叹竟没有人懂得自己的心。

要知道，男人的难言之隐只会在喝醉酒后表露出来，这是他最真诚的时候，也许他说的话语无伦次，但是他在醉酒后想到了你，起码证明你在他心中的位置是很重要的。所以，女人应该明白，男人喝醉了给你打电话，这个时候你不要对他大喊大叫，也不要对他唠唠叨叨，更不要赌气挂电话，要知道，这个时候男人需要的是关心安慰。你应该给他一个不需要语言的拥抱，告诉他你一直担心他，一直在等他回来。相信他一定会大为感动，因为你给了他坚强下去的力量。

也许你的男人是一个无比坚强的人，在工作上独当一面，在家中是大男子主义。即使如此，你也不要认为他就是一个钢铁巨人，百毒不侵。要知道，只要是人，就会有压力，就会有承受不住的时候，再坚强的人都有脆弱的一面。女人孤独寂寞的时候，可以去找两三闺密一起聊聊天，或者打电话给男人瞎闹一番，或者可以大哭一场。可是，男人们怎么可以这样？因为他们是男人，所以他们只能选择适合自己的发泄方式，那就是喝酒。

本质上是发泄，但喝酒对男人来说却不是一件伤面子的事情。正是因为喝酒让男人更加像男人，所以男人才可以在这样的伪装下发泄出心中的郁闷。即使喝醉了，也不会有人笑话。要是一个男人因为压力，回家大哭一场，相信第二天全世界的人都会笑话他，他的面子可就完全丢尽了。醉酒之后打电话也是男人发泄的一种巧妙的方式，因为是醉酒不清醒，所以男人可以毫无顾忌地想说什么就说什么，事后不认账也没人跟他计较。

不管是喝酒，还是醉酒后打电话，仔细分析这些男人的举动，就能够知道，他们是因为孤独，需要他人的关怀。他们希望通过和人交往、沟通，借以排除心中的不满。因此，当你的男人这样表现的时候，即使你心里再有气，千万不要因为他的无礼而恼怒，从而做出某些过激的行为。在男人真情流露的时候，你却把门关上了，这样可能会让他从心底排斥你，甚至和你断绝关系。俗话说“酒后吐真言”，你不妨像听故事一样听一听，说不定你还能从中加深对他的了解。即便真的全是一些无理取闹的疯话，也可以让他心中的压力得到一定程度的释放。等男人清醒了，他也许表面上不会道歉，但内心深处必然对你感激涕零，对你的爱更加深厚。

如果一个男人醉酒之后打电话给你，如果你爱他，一定要珍惜这个男人，你这时候的耐心和关怀，将给男人一个最温暖的怀抱。

第二章

男人的爱情逻辑与女人不同

——帮你参透他的爱情法则

女人一旦爱上一个男人，是可以为他付出一切的。在她眼中，他就是她这辈子要共度一生的人。这就是女人的爱情逻辑。但是恋爱和结婚是两个人的事。在男人的爱情逻辑中，他们把恋爱和婚姻分得很清。所以，女人们必须了解男人的爱情逻辑，掌握他的爱情法则，千万不要做只陪他风花雪月到头来却伤心一场的所谓知己。只有知己知彼，才能收获幸福。

慎做投怀送抱的女人

法国作家罗曼·罗兰说："有才华的女人可以吸引男人，善良的女人可以鼓励男人，美丽的女人可以迷惑男人，有心眼的女人可以抓住男人。"这样说来，女人只要充分发挥自身的魅力，并不需要运用什么手段，就能吸引男人。但是在当今社会，能嫁的好男人似乎不多，女人若不主动出击，一不小心就可能使自己沦为"剩女"。但是，主动出击是要讲技巧的，千万不要把自己打包送上门去，这样男人或许都不会瞧你一眼。

女人一旦主动送上门，男人就不会那么珍惜，所以女人最终不会有什么好下场。武侠小说家古龙曾经说过：谁先动心，谁就满盘皆输！女人要是不能够把握好自己跟男人的尺度，注定就是要痛苦的。站在女人的立场看，必须保持一份矜持，即使再迷恋一个男人，也应该和他保持适当的距离，而不要让自己处于迫不及待地境地。一旦你在男人心中一览无余，可就没有好结果了。

男人是天生的猎人，喜欢追逐、喜欢挑战。很多时候，男人追求一个东西都是因为争强好胜，或者因为跟别人打的一个赌，所以，越难追的女人越是能够引起男人的兴趣。而人往往有这样一种心理，越是花费了很大力气得到的东西，才越会去珍惜。不仅仅因为这其中有一段难忘的回忆，而且也是对自我能力的一种考验，对自我的一种肯定。作为征服者的男人，他们享受的往往就是这种征服的快乐。不管这世界变成什么样子，男的天性始终是征服。他们习惯于征服世界，征服女人。同时有征服欲的男人，也会有男人气概。相反，对于男人来说，送上门的东西，反而变得没有意义，没有什么兴致了。所以，女人要抓住男人这一心理，千万不要做主动送上门的猎物。

女人既要主动出击，又不能表现明显，那该怎么做呢？只给男人一个诱饵，让他自己慢慢上钩来。若不是他自己靠过来，你即使拼命拉线，哭着挽留，也是无济于事的。这就好比钓鱼，鱼儿不上钩，你站在岸上哭爹喊娘只会把鱼儿给吓跑了。女人一定要有自尊和傲气，要让男人对你感兴趣，想主动接近你，而不要让男人一想起你来就觉得心烦或者难缠。你或许可以凭借智慧，或许可以凭借美貌，不管是因为什么，都胜过你主动去靠近一个男人来得安全、来得稳重。

说白了，男人都喜欢被吊胃口，所以女人要通过自己的魅力去打动他，而不是去纠缠男人。死缠烂打的女人对于男人来说，只能是避之唯恐不及的，而只有耐心等待和善于运用技巧的女人，才能掌控男人的心，做一个高高在上的女皇。

对男人来说，越难啃的骨头越能激发男人的兴趣，对于越难到手的东西越是执着追求。因此女人只有足够大胆，运用技巧，才是套牢男人最好最有效的方法。对男人若即若离，保持女性自我的一种神秘色彩，让男人对你永远捉摸不透，用距离来产生美，这才是聪明女人的明智之举。

这些道理很多女人都懂，但在实际生活中却难以做到尽善尽美。这主要是因为女人心太软，现实中往往难以做到如此狠心，关键时刻总是选择了向男人妥协，以至于男人觉得有机可乘，女人最终成了男人手中的猎物。

女人一旦爱得太投入，难免患得患失。古龙那句话可以改成：动心无所谓，动心其实挺美的，关键的是不能先动心，谁先动心，谁就满盘皆输。即使你很爱他，也不要过于主动，投怀送抱，成为男人轻易得到手的猎物。而要采取策略，跟男人保持一个不远不近的距离，时刻让男人垂涎欲滴。要知道，男人最喜欢的就是这种欲罢不能，若即若离的神秘之感。

好男人不是天生的

不知道什么时候，聪明的女人们终于总结了这么一条理论：宁愿相信这世界上有鬼，也不要相信男人那张嘴。这句话在短时间内迅速地流传开来，一下子变得尽人皆知了，足见这句话的威力。女人被男人骗得多了，也总结出负心汉的一些特征：花言巧语，投机取巧，乘虚而入，三心二意，等等。大凡负心的男人，总是跟这些形容词脱离不了干系。在女人们眼里，找个好男人难，找个老实本分的好男人，更是难上加难。

那么，世上究竟有没有老实本分的男人呢？

李艳的男朋友张成一直都让李艳很放心。在3年的恋爱中，两人一直都处于甜蜜和幸福之中，双方很少有吵闹的时候。每天下班，李艳都会买好菜，做好饭，然后像个幸福的小女人一样盼着张成回家。而张成也很守时，每次回来的时候都会给李艳一个温暖的拥抱，偶尔还会带回来一朵甚至一束玫瑰花。

几乎每天，在李艳要入睡的时候，张成都会在李艳耳边柔声细语，好像有说不完的话要对她讲似的。李艳总是陶醉在这样的拥抱和蜜语中，感受到自己作为一个小女人的小小幸福。虽然张成在家里对李艳很温柔、很淘气，但是，在公众场合或者家里来了客人的时候，他却总是那么的礼貌和沉稳。这一切在李艳眼里，简直就是儒雅而风度翩翩的君子行为，并坚定了张成稳重内敛的好男人形象。然而这一切不过都是假象。如果不是同学告诉李艳那个消息，然后带着李艳亲自去证实，李艳是怎么都不会相信张成居然会背着自己做出那样的事情。

那次正好是李艳生日，还没到下班的时候张成就发了信息过来，一番甜言蜜语，让李艳分不清东南西北了。不过，很不巧，那天正好是星期四，按照惯例，张成要开会到很晚才能回家的。无聊的李艳只好打电话给同学，约出来玩儿。同学最近正好换了工作单位，居然就是在张成的公司，这让李艳着实高兴了一下子。平时张成从来不让李艳去单位找他的，他说影响不好。现在，同学在那里的话，李艳可以找个机会去看看张成工作的环境了，李艳越想越高兴。

李艳恨不得现在就能立马动身去看看，可是，话刚一说出来，同学就推脱道:“不行啊,我等会儿就下班了呢!一般在星期四的时候,整个公司都会很早就下班了,根本就没人。”听到这句话的时候,李艳简直不敢相信自己的耳朵。李艳挂了电话,翻开张成的短信,上面明明写着:“宝贝儿,今天有个重要会议,我要晚点儿回家啊!”明明每个星期四,张成都告诉她有重要的会议啊!明明在以前的每个星期四,张成都是那么忙的,回到家里还会接到好几个电话呀!难道张成是想给自己一个惊喜?或者说他根本就没有会议?还是他有什么事情瞒着自己呢?李艳的心里一下子千头万绪,心乱如麻。

很快,李艳担心的事情就有了结果。晚上 10 点多,张成开门进屋,并没有给李艳什么大大的惊喜,他脸上带着明显的歉意,目光像往常一样充满了怜爱和疼惜。然后,他温文尔雅地说了声:“宝贝儿,生日快乐!”李艳很想问:“每个星期四你都干什么去了?”只是,话到了嘴边就变成了:“每个星期四都要开会吗?”张成若无其事地应了一声,并没有在意到李艳那充满疑惑的神情。李艳的眼泪突然就稀里哗啦地泛滥决堤了。那泪水,是委屈,也是伤心。从此,张成这个老实的好男人形象已经不复存在了。而在李艳心里,再也没有老实男人这一号人物了。

或许有些女人也跟李艳一样,认为对自己无微不至的男人是个老实男人,但日久见人心,后来却感到失望甚至绝望。其实,男人就像一条路,本来无所谓好与坏,全在于一个女人对于他的感觉。老实的男人原本不存在,大部分老实的好男人都是被女人经营出来的。这就要看女人怎么去管教了,如果女人善于运用自己身上特有的潜质,那么经营出一个老实的好男人还是不难的。

首先，女人不能太任性。任性的女人就像个孩子，男人也会用对孩子的方式对待她，甜言蜜语宠着，一切顺着来就可以了。在这样的女人面前，男人似乎没有说真话的机会和必要，你想谁会跟一个孩子认真呢？

其次，显示出你的智慧。男人为什么不老实？因为他认为面前的女人笨，可以敷衍了事。所以女人一定要让男人知道，自己其实有周密的思维和判断能力，在必要的时候表现出你的强势。比如，男人要求你做某件事的时候，你应该做出自己的分析和思考，而不是一味地顺从男人的意愿。故事中的李艳就是个例子，张成说每个星期四开会，她就一直认定他每个星期四都在开会，何不问问他每次会议的内容？对一件事情不妨深入想想，说不定就能找出他的破绽。要知道，智慧的女人男人是欺骗不了的。

再次，女人要注重小细节。这里的意思是女人要注意男人不老实的小动作。如果一个男人在跟你解释一件事情的时候有用手摸鼻子的行为，请你不要相信他；如果一个男人在跟你说话的时候经常转移他的视线，或者闪烁其词，请你不要相信他；如果一个男人在给你陈述某个观点的时候语调和语速突然变化，时缓时快，很不自然，请你不要相信他。细节能够透露一个人的很多秘密，女人要学会关注这些小细节。

最后，尽量多地了解这个男人。你对他了解越多，他越老实，这就好比操控一个机器，你对这个机器的性能和操作方式越是了如指掌，运用起来就越是得心应手；反之，则处处不顺。包括他的家庭状况、性格、兴趣、脾性等，你都必须有足够的了解。一来表现出你对他的贴心照顾，二来增进双方情感交流，三来能够抓住他的弱点，三管齐下，他不老实都不行了。

天生的老实男人是很少的，即使有也不会正好让你遇上。所以，重要的不是纠结于他到底是不是一个老实男人，而是应该用自己的智慧把他改造成为你心目中的老实男人。

男人的爱不能缺少性

大学毕业的方方总是被一些问题困扰着：“他到底是爱我的灵魂还是我的肉体？为什么每次见面的时候，他都想留下来过夜？”

方方和男朋友在大学就相爱了，那时候，他们一起憧憬着美好的未来，平时一起上课一起吃饭，他们享受这甜蜜的爱情，日子过得平平静静的。两人都是思想比较传统的人，都希望把最难忘的一次留在结婚的日子。可是，自从工作稳定下来，双方各自有了固定的住处以后，男朋友来方方家的次数就越来越多了。两人一起做晚饭，一起吃饭，感觉很幸福。不过让方方觉得为难的事情是，每次吃过晚饭以后，男朋友都不急着走，总是对方方做出一些亲昵动作，发出爱的讯息。这让方方觉得很矛盾，男朋友变得和以前不一样了。为此，两人没少吵嘴。

方方认为，如果男朋友真的爱她，就应该不仅仅爱她的身体，更应该爱她的品质，男朋友应该等，等到他们结婚的那一天，一起守望那份幸福。而方方的男朋友认为，如果方方真的爱他，就应该放心地把自己交给他，没有上过床的爱情，不能算真正的爱情。

男人的天性就是征服，他们对女人的爱总是混合了生理冲动，一旦“我爱你”这3个字说出口，女人迟早要成为他床上的那一个战利品，不然，男人就不会减弱自己的攻势。然而，很多男人亲热前百般柔情，过后却只是呼呼大睡，一旁的女人只能一边独自整理衣物一边寂寞哀叹。这时候女人难免要质疑：男人到底爱的是我的身体还是我的人？

《非诚勿扰》这部电影里面，当葛优饰演的男主角第三次相亲的时候，遇到一个性冷漠的女人，提出一年只能亲热一次的要求。听完之后，男主角再也没有兴趣进一步了解她就悻悻地离开了。可见男人对于女人身体的渴望几乎是不能被泯灭的，在现代的婚姻生活中，尤其如此。如今的婚姻虽说早已是自由结合，但是矛盾依旧难免。一些原本看起来很幸福的夫妻，有时候也会走上离婚的道路，这让未婚人士对婚姻更加心生畏惧。其实，婚姻破裂的原因大体上有4种：要么性格不合，要么缺乏物质，要么地位差异，再不然就是性爱失调。对于前三点，多数人是给予认同的，而最后一点最让人难以置信，而这又是实实在在存在的一个大问题。一项多达万人的离婚问题调查结果显示，性爱失调居然成为夫妻离婚的最大原因，占据调查结果的40%以上。

性是人的最基本本能，从很早的时候，我们的先辈们就留下了“饱暖思淫欲”这样的箴言。当然，需要声明的是，这里所提到的“淫欲”绝非贬义词，而指的是正常人的生理欲求。那么，作为一个女人，重要的不是给不给男人，而是要学会去判断这个男人是不是真的爱你，他的爱是不是胜过生理的需求，升华到了精神的爱这个层次上。男人口头上的爱，并不代表真爱。那么，女人要怎么样处理好性与爱的关系呢？

女人，如果你准备好要为一个真正爱自己的男人献身，那么首先请你判断这个男人是不是真的爱你，愿意去保护你，照顾你一生一世，而不仅仅是想和你逢场作戏，满足自己的生理欲望。

第一，看他是不是会为你去克制自己。如果一个男人对你的爱不仅仅是生理欲求，就绝不会在一个月的那几天对你提出无理的要求。一个真正爱你的男人，不会为了满足自己一时的欲念而伤害心爱的女人。

第二，看他会不会为你变得规规矩矩。男人爱上一个女人以后，往往会检点自己的行为，不再拈花惹草，会认为你是自己这一生唯一的女人，因而对于其他女性不会有浓厚的兴趣。真正爱你的男人会对你一心一意，因为和你相守的计划不是一阵子，而是一辈子。

第三，在亲热过后，不是自顾自地倒头大睡，而仍然愿意和你分享亲热过后的一小段时间。男人往往也就是在这一小段时间里最能体现他对你的发自内心的怜惜和热爱。在这一段时间里，他可能会和你聊聊他的家人，他的理想，他的事业，或者任何关于他自己的事情，这表明他是真心对你的，他希望你能更全面地了解他。

第四，如果一个男人愿意在跟你亲热之后看你安然睡去的样子，那么，这个男人必定也是很爱你的。他是把你当做一件珍宝，而不是满足欲望的工具。

总之，男人爱你，一定会对你有“性”趣，但是，在爱的范围之内，这个“性”趣，是可以两个人经营的，并不是男人一旦索取，女人就要答应。在女人配合男人之前，最重要的是弄明白这个男人是否真的爱你。如果只是为了得到你的身体，而不是真正爱你，这种男人一定要赶紧放弃，千万不可成为男人欲望的牺牲品。

女人的多疑会吓跑男人

《红楼梦》里有一首《枉凝眉》词:“一个是阆苑仙葩，一个是美玉无瑕。若说没奇缘，今生偏又遇见他；若说有奇缘，如何心事终虚话？”这是宝黛的爱情结局，尽管他们情投意合，但却最终没有在一起。造成这种结局的原因，当然那个社会制度是罪魁祸首，但是不能否认黛玉的“小性儿”也是促成悲剧的原因之一。

含霜和张博是小学的同班同学，毕业以后两人再一次见面已是10年以后。张博从部队复员回来，与同学们聚会，看到含霜一如过去那样娇羞美丽，于是便展开了猛烈的追求。在一封封烫手的热烈的情书攻势下，含霜的心终于被打动了，她答应了张博。

含霜就是个黛玉式的女孩子，敏感多情，是爱情理想主义者，在感情方面总是苛求完美。张博有英俊的外貌和开朗的性格，家庭背景也不错，含霜对这些都很满意，但是却不能把握张博是否全心全意地爱自己。

交往两个月后，张博邀请含霜到自己家去，正赶上张博的几个战友来访。道理很简单，男人最重视的是面子，最忌讳的是落个“重色轻友”的名声。按照常情，张博应该与战友们亲热交谈，因为是曾经在一起摸爬滚打的兄弟，而兄弟之间最在乎义气。一个战友说："小张真有福气，刚复员就交了桃花运，交到这么漂亮的女友。"张博谦虚地说："什么漂亮，也就普通人吧。"含霜听了很不高兴，没打声招呼就悄悄地走了。

招待战友们吃晚饭时，却不见了含霜的人影，张博虽然心里着急，表面还得应酬。送走战友以后，张博就直奔含霜的家。在张博的一再央求下，含霜才让他进门，然后抽抽噎噎地哭起来。张博好话说了半筐，含霜才开始说话："我现在才知道，你的心里根本就没有我，见到你的战友那份亲热劲儿，把我晾到一边去，不理不睬的。还有，你说'什么漂亮，也就普通人吧'，既然你认为我不漂亮，干吗追求我，情书里写得我和天仙似的。看来，你根本不爱我。"

张博哭笑不得，不过他还是耐心解释，说："我也没有想到今天战友们会来，和你撞车了。我们是半年没有见面了，而咱俩是天天见面。咱俩的关系这么亲近，对战友却要顾及客套，如果我只顾招待你而冷落了他们，我还叫男子汉吗？至于那句话，更是客套话了，我从内心里爱你，何况你的美丽是大家公认的。人家夸你漂亮，我总不能当众说自己的老婆是美人……"

"谁是你的老婆？"含霜绷着脸说，"依我看，我们能不能结婚都得重新考虑。我哪里知道你对我的感情是不是虚情假意。"

后来他们在一起的日子里，张博时常提心吊胆，甚至可以说是水深火热般的难熬。两人一起走在路上的时候，只要张博对哪个漂亮的女人多看一眼，含霜就像受了天大的委屈一样哭个没完。一起出去吃饭的时候，张博忘记了点含霜爱吃的小菜，就会得到含霜的一顿数落。张博因为工作忙，两三天没来看望含霜，含霜就会耍小姐脾气，不理睬张博。

恰巧的是，张博的妹妹和含霜是同一天生日，因为张博的妹妹是整20岁，所以邀请23岁的含霜和她一块儿来家过生日。含霜却偏偏让父母在饭店为自己办个生日宴会，看看到底张博到哪里去，以此来考验他对自己的爱。

时间久了，两个人之间只要出现意见分歧或不经意的小摩擦，都会被含霜归结为张博“爱不爱她”或者“是否结婚”的表现。诸如此类的事情发生太多以后，弄得张博身心疲惫，但为了能和含霜在一起，张博都忍下了。

后来涉及买房子的事情，两个人彻底吵翻了。张博家里有一套独立的单人居室房子，认为可以作为他们的爱巢，等以后经济条件允许时再买大一点儿的住房。含霜则认为，好房子是结婚的必要条件，不买大房子就不结婚。张博在这样的“刁难”下，发出最后“通牒”：你为了所谓的面子不顾我的现实能力，在节骨眼上以不结婚相威胁，那就分手。执拗的含霜提出：我要的是你千依百顺地宠爱我，我说什么你都得答应，否则就是不爱我，更没有必要结婚。

不能否认，悲剧的产生一切归咎于含霜的执拗性格，她总是无休止地纠缠于那些并不重要的细节，一味地去找寻最理想的爱情和婚姻。不论什么事情，她都要套用“爱不爱”的问题，又都归结到“结不结婚”的终点去。

说实话，世界上不会真有男人这么无条件地去爱一个女人，不可能他所做的事都是她所想要的。如果真有一个男人事事都顺从你，没有一点儿阳刚，没有一点儿主见，就是爱的表现，结婚的标准吗？你真的爱这种“懦弱”的男人吗?

以“爱”和“结婚”相威胁，有太大的杀伤力。男人为了维持恋爱关系，大多时候不得不做出让步，但是长此以往，男人终会有承受不住的那一天。

如果女人总是以“爱”和“结婚”做判断后果，刻意放大一些细小的问题和冲突，往往会情绪失去控制，即使结了婚也容易成为怨偶。不过是一件小事，完全可以平心静气地商榷。轻率地否定爱情，会给女人留下永久的遗憾。

我们应该理性地处理自己的感情生活，相爱的人应充分考虑对方的心态和情绪，不要武断地作出判断和决定。女人如果永远纠结于“爱不爱”、“结婚与否”，而不断挑剔、苛求对方，只允许自己处在被呵护、被溺爱的位置，最后必然成为被伤害的角色。所以，不要为了一句“我爱你”就走进婚姻，更不要因为自己的小性子而伤害真正爱你的人。

越爱你，越在乎你的过去

“一个男人足够爱一个女人，他一定不会计较那个女人的过去。”很多女人都相信这句话，认为男人有足够的胸怀，并经常用这个手段来检验男人对自己的爱惜程度。也有的女人认为，男人根本就不在乎自己的过去，他们对女人的过去根本不感兴趣，他们只是在乎女人现在和将来会不会老老实实和他待在一起，至于女人的历史，男人几乎是毫不在意的。在女人的逻辑中，如果一个男人足够爱自己的话，就应该包容她的过去，珍惜这个女人的现在和未来，而且作为一个男人，更应该大肚能容，不能锱铢必较。

小敏就是这么一个固执的女孩，她坚持认为自己的男朋友是一个心胸宽广的人。他足够爱自己的话，一定不会计较自己的过去，即使在了解了自己的过去后，也能够像以往一样疼惜自己。因此，小敏总喜欢和自己的男朋友开玩笑，说自己曾经被前男友伤得体无完肤，然后一副楚楚可怜的样子，嘟着嘴问男友："要是真有这样的事，你还会爱我吗？"而小敏的男友觉得她的这种行为极为幼稚，认为她不过是在检验自己的耐心罢了。男友当然不会表现出自己的计较，而是装作满不在乎的样子，学着老头子的腔调，怪声怪气地答道："啊，我对小敏的爱，永不停止。"每次都逗得小敏喜笑颜开，让小敏以为自己的男人真的不计较过往。

事实上，一个男人不计较你的过去，不在乎他是不是你的第一个男人，只有在以下3种情形下才是成立的：第一，他足够相信你，认为在你身上不可能发生那样的事情；第二，他并没有那么在乎你，你在他心目中的位置还没有到达那种至高无上的地步，所以他对你的兴趣还没那么大，或许，目前这个男人只在乎你是不是能满足他的欲望，仅此而已；第三，他自己有不光彩的过去，他不想去提及自己的过去，因而也就认为自己没有足够的资格来和你计较。第一种情况真的很少见，除非你们相处的时间足够长久，双方已经建立了很好的信任，这个男人认为他和你之间足够了解彼此，没必要怀疑你的过去。

不管这个男人多么的大方，在对于爱情、女人这一问题上，他总是容易吃醋，有时候甚至比女人还要小气。男人很在乎自己是不是女人的第一个男人，而且他们希望女人把自己当成最后一个男人来表现足够的忠贞不渝。

有调查显示，大多数男人在得知自己女人的过去以后，总是耿耿于怀，内心烦闷。这样的情绪不仅仅维持一天两天，而是长时间地潜伏。一旦有机会，他就会忍不住翻出陈年旧事来刺激自己的女人。有65％的男人需要寻求心理帮助来消除自己的心灵阴影，借助医生的力量来帮自己开拓心灵。

很多情感专家告诫女性朋友，男人都渴望独占，所以如果你真心爱他，就最好尽力去满足他这种强烈的占有心理。如果有可能伤及男人这种占有欲，过去的事情能不提就不要提及，哪怕男人表现得再无所谓，也坚决不能说。要是一个男人真的不在乎，他就没必要那么苦口婆心，假装不在乎、不计较地去哄着你说出来了。所以，聪明的女人即使再有倾诉的欲望，也千万不要选择和自己亲近的男人去说。肆无忌惮地把身边的男人当成倾诉对象的结果，不但得不到这个男人的同情和安慰，反而会在他心里留下一道暗伤，让他耿耿于怀，久而久之一定会伤害你们之间的感情。那时候，女人就会尝到苦果了。

男人在乎自己是不是女人的第一个男人，这几乎是一种本能。而男人希望自己成为女人的最后一个爱人，则是出于男性自信心的体现。因为身边的女人对自己死心塌地，对于一个男人来说，不仅是一种光彩，能够证明男人自身的魅力，而且男人也需要这样一种安全感。得不到爱人的承认，留不住自己身边的女人，对于男人来说，是一件丢脸的事，这会让男人永远在外人面前抬不起头，所以，几千年来中国男人都忌讳“绿帽子”。

聪明的女人，千万不要妄想让一个男人去理解你睡在别人床榻的迫不得已，更要小心男人的旁敲侧击。有时候，男人为了了解你真实的过去，也会采用一些手段。比如叫朋友来打探，或者无意地引导你讲述你不愿提及的过去，以此来获取信息。当然，如果你遇到一个这样跟你计较过去的男人，千万不要生气，因为只有真正在乎你的男人才会这么费尽心机。不然，他才没兴趣花那么多心思在你身上呢。这样的男人，即使是出于对你的爱，你也要做到尽量不提及以前的事情，以免损伤你们的感情。

相反地，如果一个男人对于你的过去毫不关心，而只是在乎你现在能不能够让他满足生理的欲望，那么，这个男人要么不是真的爱你，还没决定要和你分享下半辈子；要么是同时拥有不同的女人。如果一个男人跟你在一起的时候，只是说些不着边际的甜言蜜语，从来都不提及你们的未来，也没有表达过希望自己是你的最后一个爱人这样的欲望，那么，女人要小心这个男人有可能会抛弃你。作为女人，你必须知道他的真实想法以后才能把自己交给他，而不是被他的甜言蜜语迷得晕头转向。

男人是一本书，读懂一个男人，就要读懂他每一个肢体动作，每一句无心的话语。用心去体会，你总能看穿他真实的内心。聪明的女人，从来不会犯低级错误；聪明的女人，也从来不会去触及男人的软肋。既然他那么在乎你，为了不失去他，你只能对他守口如瓶，不要让过去来破坏你们眼前的幸福。只有这样，才能让你身边的男人安心地守护你，彼此信任，彼此关怀。

恋爱和婚姻，男人分得很清

恋爱中的女人经常会问男人这样的问题："你会不会娶我？你会不会和我结婚？"几乎所有恋爱中的女人想知道一个确切的答案。不管男人说的是不是真话，只要听到肯定的回答，女人就会幸福得像吃了蜜一样，马上就变得很乖、很妩媚，像个被收留的孩子。在男人眼里，这样的问题未免幼稚。女人就是天生的听觉动物，一个简单的回应就有可能让女人付出全部，这不免让男人在心里偷偷发笑。

对于女人来说，恋爱的目的很单纯，就是为了结婚。如果你到最后不肯娶我，或者，还没有决定要和我生活一辈子，我有什么理由安心地和你在一起呢？女人的青春有限，因此不得不珍惜，当然想把自己最珍贵的年华送给那个愿意陪伴自己一生的男人了。女人是感性的动物，太过于注重感情，把爱情当做一生的赌注，而不能像男人那样理智地取舍爱情。

男人看上了你的外表，喜欢你做的一手好菜，或者说，沉迷于你的可爱，都有可能毫不犹豫地跟你谈一场风花雪月的恋爱。但是最后，他可能会很理智地抛弃你。有很多男人，婚前生活都很自由主义，不止有过一个女朋友，只有结婚以后才会变得收敛自己的风流，开始认真地和身边的女人过生活。不难看出，在男人心里，恋爱和结婚其实是两回事。结婚不一定要以恋爱为基础，恋爱了也不一定要结婚。错就错在女人身上，是女人把恋爱和结婚联系得太紧密了，以致为自己编织了一个牢笼，把自己关在了里面，而男人则在外面逍遥。

在恋爱中，女人的幸福感比较强，而结婚后，男人则能更多地感到幸福。所以，男人恋爱的时候会选择一个自己喜欢的女人，而结婚时，却会选择一个持家贤惠的女人。

25 岁的张莱因为情感问题，去找了情感专家做咨询。和男友相恋了 4 年之后，男友居然无情地抛开了她，娶了一个大他两岁的女人。这样的举动让张莱怎么也想不通。这个比男友大两岁的女人一直都被男友亲切地叫做姐姐，为人贤惠温柔，也很端庄典雅，男友很多事情都会找她帮忙解决。可是，这姐姐的身份未免转换太快了吧？男友明明喜欢的是自己，可为什么最终却选择了别人？张莱觉得很苦恼，有一种被骗的感觉。

而情感专家告诉她，男友这种行为并不难解释。因为男人可以没有爱情，或者说男人更懂得取舍，能够理性地选择婚姻，而不像女人那样为爱痴狂。在爱情的取舍问题上，男人是绝对理性的动物。难道男人就真的一点儿情面都没有？那我们就来看看恋爱中的男人和结婚的男人，对身边的女人都有哪些不同吧。

首先，恋爱时期，男人会把女人当上帝一样宠着，你想要什么他就会给什么。然而，面对婚姻，男人绝对不能接受被妻子呼来唤去，做一个老实服帖的“妻管严”。恋爱时期的男人，也是追求浪漫的，总希望把最美的一面展现给恋人，唯恐恋人对自己有半分的不满意。他希望体现自己的彬彬有礼、修养和素质，表现得像一个最优秀的男人。女人想买什么东西，他绝对不会嫌那东西难买或者很贵，直接就掏腰包，不管有多远的距离，立马照办。然而，婚后的男人，有哪个能这样对自己的老婆呢？在男人看来，恋爱是浪漫的，结婚则是绝对的现实。

其次，男人选恋爱对象就像选外套，专挑漂亮好看的，而挑老婆却像选鞋子，会挑舒适贴心的。自古英雄难过美人关，在恋爱时期，有人给自己介绍女友的时候，男人最想知道的就是，那人是不是个美女，如果是才会考虑交往。而在选结婚对象的时候就完全不是这个标准，男人首先想到的是，这个女人会不会勤俭持家。很多男人为了事业的攀升或者为了地位的提升而选择结婚对象，看中的是这个女人将来带给自己的实际意义，而不仅仅只看外表。

再次，男人很会把握恋爱的尺寸。恋爱中的男人往往只是献出自己三分的真心，只有等结婚后，男人才会为了家全心全意付出。女人相对来说就傻多了，在恋爱中总是奉献自己的全部，到头来男人一走了之，给自己一个措手不及。在男人眼里，只有完全确定了要在一起相守一生的女人的时候，才会奋不顾身，要不然，一切都显得没有必要。

在男人看来，恋爱只是讲究一个浪漫，一个享受恋爱的过程，最重要的是感觉。恋爱的对象越漂亮越好，越浪漫越来劲，结果并不是重要的。选择和哪个女人居家过日子却是十分现实的问题，当然要另做打算，必须做到一点儿都不影响自己的人生幸福。在恋爱中，女人往往过于依赖男人，而忽略了男人内心最真实的想法。等到发现以后为时已晚，男人早狠心抛下自己，成了别人枕边安睡的丈夫了。

由此看来，恋爱中的女人要多留个心眼，这个男人到底是爱上了你的风情万种，还是踏踏实实地想要和你过日子？或者说，这个男人和你恋爱的目的是不是为了结婚？女人不妨也学得现实点儿，跟男人学学理智地处理和对待爱情。要知道，在男人眼中，恋爱和婚姻根本不是一回事儿。

婚前婚后他可能会不一样

“男人结婚前是猎狗，恋爱时是哈巴狗，结婚后是狼狗。”这是多年前就已经流传的、戏谑男人恋爱不同时期的变化的笑话。结婚前男人到处搜寻目标，就像猎狗寻找猎物；谈恋爱时对女人百般讨好、尽显温柔，就像哈巴狗在人类面前献媚；而一旦结婚，他们就露出了原形。

读大学四年级的时候，漂亮的方雅被年轻的留校老师高飞看中了，并被猛烈地追求。方雅也对这位才貌俱佳的老师很有好感，尤其是高飞在讲课时，把岩石和断层讲得十分有趣，使从小向往野外生活的方雅听得无限神往。于是他们开始了交往。

恋爱的时候真是他们最幸福的时刻，无论方雅有什么要求高飞都会答应。冬天的早上，方雅想吃烤红薯，高飞一骨碌就从床上爬起来跑遍数条街道给她买。明知他工资不高，方雅愣是缠着让他买商场里的昂贵衣服，高飞稍一犹豫，方雅就拉下脸来，还拿自己的同学做比较：小美每天都炫耀她男朋友给她买的连衣裙……高飞一狠心，跟同事借了钱，为方雅买了衣服。方雅不开心，他哄着，方雅任性耍小脾气，他也让着。

方雅觉得自己找到了一个好男人，于是大学一毕业，他们就结婚了。方雅选择的蜜月旅游地是沙漠中的月亮湖，蜜月期间她的坏脾气更是像撒哈拉的天气般说风便是风，说沙便是沙。凌晨天还没亮，方雅就叫醒熟睡中的丈夫，叫他起来一起观看沙漠日出。高飞起来后，鞋都没穿好就被方雅着急地挂上照相机拉出去，然后被方雅急切地催促着快走。他们爬了几十米才到了沙丘的顶部，这时候高飞已经浑身是汗，累得几乎透不过气来，但他不愿意扫新婚妻子的雅兴，勉强挺着。

方雅不断地欢叫着“多美呀”，指挥高飞快点儿拍摄下她所选的镜头。有时候高飞稍微迟一点儿，就会遭到方雅的厉声呵斥“真笨，又错过了”。从面对一个小亮点到旭日东升，高飞一直忙个不停，调焦距、按快门、拍摄。尽管这样，还是没有逃过方雅的失望点评和严厉指责。

蜜月还没过完，高飞终于忍不住爆发了。一次方雅嫌让他拿个包都这么磨蹭，高飞冲她大吼：“你以为你是谁啊？不要老是一副高高在上的样子，说风就来风，说雨就来雨……”方雅惊呆了，这哪里还是那个乖乖听话的好老公？她一脸无辜地说：“婚前，我们不是都说好了吗？

以后你会听我的……”

“那是婚前好不好？婚前婚后哪能够一样啊？老子受够了你的小姐脾气了！”不容方雅分辩，高飞就自顾自地打开电脑玩自个儿地去了。方雅满腹委屈，哭得一塌糊涂，但高飞也没有说一句软话。从此，两人的关系再没有好过，动不动就吵一架。“我还怕你不成。”在又一次争吵的当晚，方雅连夜回到了娘家，心里又是伤心，又是悔恨。

其实，像方雅这种情况在我们现实生活中是很常见的。女人本来就是情感动物，情绪容易不稳定，尤其是那些自小娇生惯养的女人，总是觉得对自己的男人发发脾气是一种撒娇，没有什么大不了的，男人应该也必须能够包容消化。这就完全想错了，男人可以接受你的嗲声嗲气，接受你的撒娇，这些都可算作爱情中的情调。而婚后男人要的是稳定的生活和温柔的妻子，谁会喜欢一个动不动就发脾气，拿老公当畜生用的女人呢？如果你想让爱情长久，就要记住不要采取发脾气的方式。这种不良的情绪看似无形，但它有无形的侵蚀力，恰如“千里之堤毁于蚁穴”所形容的。一旦大堤毁塌才想起清除蚂蚁，还有什么用呢？

婚前，男人还没有得到你，可以对你百般宠爱、千纵万贯，你发脾气、任性、不讲理，他觉得好玩儿，不跟你计较，让着你，再者这时有爱情作为支撑，即便他心里不满，也会选择忍一时风平浪静。

但是婚后，男人就会产生一劳永逸的心理，他认为女人已经是自己的囊中之物了，再也不用像之前恋爱时一样百般宠着你、让着你、惯着你了。男人也有自己的不满情绪，一旦触碰了他的底线，脾气再好的男人也会爆发的。

这世界上，男人和女人是平等的，需要维持一种平衡的状态。如果不平等，你高了，或是他低了，那么两个人的关系就不会平衡，长此以往，受不了的一方肯定会爆发的。火山爆发的原理跟这很相像：地壳内部和地壳外部的压力不平衡，内高外低，所以内部压力就会冲出来，爆发一场大灾难。只有内部压力都释放了，两者处于相对平衡状态了，双方才能再次进入平和状态。

万事万物其实遵循同样的自然规律。男人与女人之间的相处同样如此，你别欠着他的，也别让他欠你的，两个人始终是平等的。女人们千万不要恃宠而骄，在恋爱的时候对男人随意使唤，殊不知，在你伤害他自尊的时候，他肯定在心里记上这笔账。等到婚后，他会加倍从你身上讨回来的。

第三章

细节之中透露男人本性

——从这些细节中寻找蛛丝马迹

恋爱中，女人最难搞懂的就是：这个男人究竟是什么样的人，他的本性是不是他表现出来的这个样子？女人们可以从一些生活中的小细节发现男人的本性。看看他平时都和什么人来往，看看他的消费习惯是怎么样的，诸如此类的小细节都有助于你走进男人的内心。

爱你才会说你“傻”

这几天，我正忙着为“十一”长假好好去海南旅游做准备的时候，朋友白小叶气呼呼地砸开了我的家门，我以为他又和女朋友闹别扭到我这儿躲气来了呢。对这种情况我已经见怪不怪了，也就没有放在心上，给他倒了一杯水然后继续进去收拾出行的东西了。

然而当我忙了半个小时后，却发现这个平时总是唠叨的让人烦的男人今天一改常态，不但没有追过来对我大发牢骚，竟然坐在那里一言不发。那副表情，让我觉得真的有什么事情发生了。

在我的不断逼问下，白小叶终于说出了实情。原来，今天一大早白小叶就接到了父母的电话，因为父母要离婚。母亲说，她再也忍受不了父亲的大男子主义了，每当遇到什么事情，只要母亲发表意见并坚持自己的意见的时候，父亲总会对母亲说：“女人懂什么啊！”然后就一句话不说地自行其是了。这让母亲觉得自己就是一个什么都不懂的笨蛋。

这次父亲和母亲商量着买墓地，结果商量来商量去，却是父亲一句“女人懂什么啊”将之前所有商量的结果都否决了。母亲就是因为父亲这样轻视自己，吵到了离婚，并且还信誓旦旦地说，自己被父亲看不起了一辈子，不想再听了。

白小叶劝了母亲一天也没有劝服，正当烦心之际，女朋友打来电话问过原因，觉得好笑，嘲笑了两句。本就气恼的白小叶抱着电话，毫不客气地对女朋友也说了一句："你就是个笨蛋！"女朋友听了二话没说，挂了电话。白小叶正不知所措呢，5分钟后女朋友又打来了电话，只说了一句话："既然我是个笨蛋，那咱也分手吧！"一时白小叶吓呆了，赶紧回家，找到女朋友，千求万求总算留住了女朋友，却也筋疲力尽了。

他实在想不通，为什么只是简单的一句话就让女人这么生气，在他的概念里，"女人懂什么"，明明是男人们毫无意义甚至是爱的表达的话，怎么反倒被老妈、女朋友这样的女人解读出那么些对女人不尊重、看不起女人、大男子主义的意义呢？其实，这是男女思维上的不同，男人的那句"女人懂什么"，不但没有什么瞧不起女人的大男子主义的意思，反而包含了对女人深深的爱意。白小叶的父亲说，他在遇到事情的时候喜欢对妻子说一句"女人懂什么啊"，其实正是他深深爱着白小叶的母亲的表现。在他的心里，老伴儿一生都在为这个家而操劳，而其实是应该他来保护这个女人，让她一生无忧的，这是自己身为男人的责任。但是，男人的感情是内敛的，不像女人这样想什么就说什么，尤其是上了年纪的男人，想要他把内心深处的爱意表达出来，真是比登天还难。没办法，他们只能以别的方式来表达，那就是故意地说一句"女人懂什么啊"。可是，女人却偏偏不懂。男人一旦遇到了真爱，有时候会变得笨嘴拙舌。面对自己想要保护的女人的时候，他们却不知道如何表达那份爱，不知道怎么做才能真正地保护这个女人，宁愿采用看似大男子主义的方式，说些瞧不起女人的话。"女人懂什么"，很多时候其实是一种更真挚的爱，是一种带有强烈爱情责任感的爱，这种爱更无私，更纯真。男人绝不会轻易对女人说这样的话，他对你说这样的话，那完全是因为爱你，他从内心里绝对不会想要伤害这个女人一点一滴。

在男人看来，“女人懂什么”，更符合心理学上的一种解答，“合理化”的“防卫动机”。在说这句话的时候，其实他内心涌起的更多的是对女人的关爱之情而并非轻视。他们面对自己真心喜欢的女人时，纵使心中的爱比山高比海深却不知道如何表达，在交往一段时间后，并没有得到什么实质性的进展，手足失措和胆怯的他们很苦恼。为了发泄心中的不平与矛盾，他们只好将这类口是心非的论调挂在嘴边以平衡他失望的心理。其实，这像极了女人恋爱中表现出来的言不由衷。

随着时代的发展，女人越来越独立，一些女人对大男子主义的男人非常讨厌。她们认为这种男人不懂得尊重女性，没有尊重就谈不上真爱，女人在这种男人眼里仍然和古代时没有什么差别，是没有地位的附属品。所以，现代的女人似乎对某些“蔑视”女性的话很敏感。如果一个男人常常把“女人懂什么”挂在嘴边，这在一个女权主义者看来，这个男人有着严重的大男子主义倾向，是一个很是瞧不起女人的男人。那么，女人最正确的反应就是对这种男人表现出嗤之以鼻，采取不屑理之的态度。

这些女人恰恰不明白，如果一个男人常把“女人懂什么”挂在嘴边，那是爱你的表现。或许你会觉得很不可思议，但这却是千真万确的。男人的爱是做出来的，不是说出来的，他说出来的时候或许是用一种女人不太能接受方式。所以，女人如果遇见一个愿意对你说“女人懂什么”、“傻瓜”、“傻女人”、“傻丫头”的男人的时候，千万不要误会他有大男子主义倾向了，他那是真的爱你的表现。那或许是他爱情最真挚的表达，女人一定要学会珍惜。

这个世界上有谁会叫你“傻丫头”？你的父母，你的长辈，还有你的爱人。你能理解父母对你说不出口的爱，就能理解男人对你那真挚的爱。

从下意识的小动作看他的个性

正当大家热火朝天地讨论着去参加宋杰欧的婚礼时，宋杰欧却给我们带来了一个让所有人都震惊的消息，她已经正式和相恋5年的男友方刚分手了，要加入办公室里的单身一族。这着实让同事们大跌眼镜，大家大眼瞪小眼地看看彼此，再看看宋杰欧，确定不是在做梦，宋杰欧也没有跟大家开玩笑的意思。

宋杰欧看着同事们一脸的惊奇，淡淡地说：“不为什么，只因为他一个小动作让我发现他是个谎言专家。”同事们更好奇了，就因为一个小动作，宋杰欧就要和这个自己曾经爱得死去活来的男人，这个都打算与之步入婚姻殿堂的男人分手了？这未免也太天方夜谭了吧！但是直到同事们听完宋杰欧叙述她和男友这一个月来的经历，大家才终于明白个中缘由了。

原来，宋杰欧和男友方刚的婚礼定在下个月。这个月宋杰欧天天忙于购置新婚用品，沉浸在喜悦之中。刚开始，宋杰欧发现每次和男友提到婚期，或者要去买结婚用品的时候，方刚就会显得很不自在，不是显得烦躁不堪，就是言辞闪烁。上周四宋杰欧提出该去照婚纱照了，方刚低着头支支吾吾半天才应了下来。但是那天宋杰欧等了好长时间，都不见方刚的人影。宋杰欧打了方刚素日好友的电话，却都回复说不知道。这个时候的她心里满是担心。莫非男友出了什么事？宋杰欧耐着性子找了一天，当她回到家，却发现男友方刚正好好地坐在家里看电视。

宋杰欧一颗心算是放下了，但心里还是挺生气的。她先平复了一下自己的情绪，为自己倒了杯水，然后坐在沙发上，轻轻喝了口水说："现在可以给我说实话了吧！"方刚看了一眼宋杰欧，低下了头闷着声说："我就是临时有点儿事，走不开……""不是要你说这个，我只问你，你到底愿不愿意和我结婚？说实话！"宋杰欧死死地盯着方刚的手，只听方刚不缓不慢地说道："愿意。"

"你知道吗，方刚？你每次遇到不想做却又觉得不得不做的事情的时候，就会不自觉地搓手。从一开始我们谈到婚期你就一直在用这种方法告诉我，对吗，方刚？"听完宋杰欧的话，方刚有些震惊，他没有想到女友这么了解他，他只好吐露了心声："我害怕结婚，不单是和你！"就这样，因为一个小动作，宋杰欧发现了原来口口声声说要和自己结婚、愿意和自己结婚的方刚其实一直是口是心非的，而他们的关系也因此走到了尽头。

宋杰欧幽幽地说："幸好我比较留心细节，他的一个下意识的小动作让我明白了真相，这总比结婚之后出现矛盾再离婚的好。"所以，女人要知道，男人有些话是不愿说出口的，但是他的一个下意识的小动作，其实已经向你透露了他们隐秘的内心世界。女人要想识破男人的口是心非，就要靠自己敏锐的眼光去从这些下意识的小动作中去参透。

心理学专家研究证明：无论男人还是女人，在说谎时常会不由自主地出现一些小动作，女人相对而言更为明显一些。诸如眼神向右前方看、摸摸鼻子、摩擦双掌、眨眼、流汗、说话结巴等，这些小动作因人而异，但只要细心观察总能有些发现。这种小动作一般不会被掩盖住，因为它完全是下意识的，再训练有素的人，在说谎的时候也会有一些不易被人发现的异常。

男人没有女人的话多，更多的是借助肢体语言的表达。所以，男人和异性在一起的时候，他的举动，尤其是特殊举动更能表现他的内心世界。女人要想真正地深入了解一个男人的内心世界，就要留心他的下意识小动作。若涉及某些敏感问题，男人的神经会处于高度警戒状态，女人这时候可以从男人下意识的小动作中发现很多“男人的秘密”。男人的下意识动作很多，并且也是会因为对象、时间不同而各有不同，但有一些下意识小动作却是共通的，我们可以参考以下几点：

（1）喜欢拍你的肩膀

当他和你聊到感情问题的时候，显得很放松、很随意，不拘小节。这可能说明这个男人和你之间的感情更多的是友情成分，只是他不好意思明确告诉你。尤其是在男女第一次约会的时候，如果这个男人在你面前彻底放松，好像和老朋友相见，那么说明他虽然喜欢你，但更想和你做哥们儿而不是情人。

（2）眼神飘忽

见到一个男人这样，可以确定的是他有事情瞒着你，并且很多时候是你已经猜到了的事情，这时他关于这件事情的很多解释，或许都是在欲盖弥彰，而他的眼神其实已经告诉了你全部。

（3）掰手指

如果一个男人在遇到某个问题时将手指掰得格格响，这可能表明这个男人对这个问题还没有想清楚，或者不满意，所以你也就不要就这个问题步步紧逼他了，还是给他多留点儿思考的时间吧，只要他不逃避，总会给你一个回复的。

（4）礼数太周，总是微笑

这样的男人并不像他想要传达给你的表面信息（我是个很开朗，容易相处的人）那样，他迷人的微笑、很有礼貌的行为表现，大部分情况下是因为他想把自己包裹得严严实实。表面上看来，他似乎很想和你很近、很亲，实则他的心离你很远、很远。他们是害怕受到伤害的一族，也害怕伤害到他人，所以，这是在借微笑、礼貌极力掩饰自己内心的脆弱。

男人的下意识动作还有很多，他们的每一个细微的表情或者动作，其实都能反映出他们的内心世界，就算他们再怎么深藏不露，只要女人细心观察，用心推敲，都能从中发现男人的秘密，由此看出他是否真的爱你。

消费习惯透露他对你的爱

很多女人都喜欢大气豪爽的男人，尤其喜欢电视上那种视金钱如粪土，视女人如珍宝的男人。其实，女人并不都是喜欢大手大脚的，她们也知道勤俭是个好习惯。对于男人的消费习惯，女人们觉得也应该节俭，但是要适度，如果一个男人像葛朗台一样“节俭”，那女人早就逃之夭夭了。

现在很多女人都认为，男人应该是能赚会花，省钱省不出有钱人，男人是应该想着怎么赚钱、花钱，而不是怎么一点点省钱。男人太过节俭并不是个好现象，不仅会被很多女人看不起，更会被男人列入黑名单，日后谁也不爱“带他玩儿”，这样的男人将会是很没有市场的。在人们的意识中，这类男人是很难有出息的。那么，什么样的男人是小气，什么样的男人又是节俭呢？我们不妨先看看杨慧的故事。

郑强是杨慧的大学同学，大学时追了杨慧两年，但由于杨慧父母嫌弃郑强是农村出身一直反对，所以杨慧也就一直没有答应。

大学毕业后，郑强由于成绩优异，马上在上海找了份不错的工作，更巧的是两个人又进入了同一家公司。来公司后的第一个月，郑强就马上又展开了对杨慧的爱情攻势，这次杨慧的父母没有反对。当年在大学的时候，杨慧对郑强的感觉也不错，只是由于父母的强烈反对，加上郑强家庭经济条件差，因此没有答应他。当时虽然郑强也曾三番两次给杨慧买过礼物，但都被杨慧拒绝了。这次杨慧觉得两个人有了发展的可能，郑强也有了自己可观的收入，所以，当郑强再次将99朵价格不菲的红玫瑰送到杨慧手里的时候，她笑着接收了。

然而日久见人心，几个月下来，杨慧发现，他们两个人根本就合不来，他们好像是两个世界里的人，于是，杨慧提出正式分手。然而令杨慧怎么也想不到的是，就在他们刚说完分手后不久，她很快收到了郑强的讨账声明——将99朵玫瑰的钱还他。杨慧觉得很可笑，也很可悲，但她什么也没有说，当天就把钱汇入了他的账号。其实杨慧应该值得庆幸，自己没有一时因为他两年的执着而感情用事，选择这个男人。这样的男人不仅小气，而且显得没风度。如果自己将来和这种男人在一起，将会有多少事情会因为一点点的金钱闹得两个人不愉快啊。

男人不懂得节俭也不是一件好事，那种只为了面子一味在女人面前耍豪爽的男人是不会过日子的人。女人要找个值得托付终身的男人，就要分清这个男人是真的节俭还是小气，那样你不仅会免遭杨慧的尴尬，也会减少两个人以后生活中的摩擦以及不如意。判断一个男人是节俭还是小气，我们不妨在他消费的时候仔细观察他的消费习惯，相信你会从中发现很多有用的信息。

男人的消费主要体现在吃饭、喝酒上，理所当然，这也就是最能表现一个男人到底节俭还是小气的地方。男女朋友之间在外消费，大部分情况下是男人埋单，当然这并不意味着男人就理所应当地一定要埋单，但是男人却不能没有埋单的勇气。生活中，有一类男人是这样的，每次和女朋友吃饭的时候，总是会很积极地提出埋单。但每当真正到了付款的时候，他却总会找出一些借口，或者在掏钱的时候磨磨蹭蹭，让外人看笑话。这样的男人在金钱上太过计较，即使对待自己的女朋友也不愿慷慨大方。提到吃饭，想到了我的一个朋友郑艳艳。郑艳艳和男友是相亲认识的，两个人交往两个月后选择了分手。郑艳艳告诉我说，分手的原因是自己再也不想过吃麻辣烫的日子了。原来两个人从第一次相亲后，每次男朋友都请她吃麻辣烫，说是别有风味。一开始，郑艳艳还觉得有点儿意思，时间长了她发觉男友是真的很小气，舍不得请她吃贵的东西。最后，郑艳艳终于选择了说分手。虽然这个男人脾气好，又有着不错的工作，但是郑艳艳却觉得这个男人太小气了。每个女人都想和男人出入高级餐厅，但是她们也知道这样的男人不是过日子的人。但是，如果一个男人有着不错的工资收入，却没有半点儿情调，拿恋爱当过日子，每次见面就是请女友吃廉价的东西，那只能说这样的男人真的是太小气了。

有人曾做过这样的比喻，如果一个男人手里有 100 块钱，他愿意为你花 50 元，那么这个男人值得你托付；如果一个男人手里有 1000 块钱，他只愿为你花 100 元，那这个男人你就要考虑考虑了。

有一类男人他们收入不错，在别人看来也豪爽，但他们的豪爽却仅限于对自己，一旦对别人甚至是自己的女朋友，就变成了一毛不拔的铁公鸡。这种男人对别人小气对自己大方，实际上是最自私的，跟他们在一起，女人是永远不会得到幸福的。对这种男人女人一定要尽快发现，并退避三舍。

不少男人吃完饭有打包的习惯，其实这并不是小气，相反，却是一个好习惯。男人不能经常带你去吃豪华套餐不是小气，男人不能经常送你香水玫瑰不是小气……但是，如果一个男人自己穿着名牌，却只会送你廉价礼物就是小气；如果一个男人和买菜的大叔大妈斤斤计较于一角、两角的零钱就是小气；如果一个男人总是在朋友堆里蹭吃蹭喝那就是小气……

要记住，女人的爱可以无价，但不可以廉价，而女人爱的价值恰恰是通过一个男人的消费来体现的。一个真爱你的男人，肯定乐于给你花钱的。所以，千万不要让自己的爱托付给一个小气的男人，这样你的爱不但廉价，更会在很多时候显得没有尊严。

不要嫁天天去高级餐厅的男人，这样的男人不懂得生活。更不要嫁没有钱却还处处显摆的男人，这样的男人虚荣心太重，你也会成为他虚荣心的一部分。真正的好男人，懂得节俭，却又不失体面，不会让人觉得小气。女人们一定要用自己的一双慧眼认清男人的本质，这样才能让自己既能享受到恋爱的浪漫，又能实实在在地过日子。

通过卧室中的设置看男人

古代是非常注重礼节的，女子的闺房是不让人轻易进入的，尤其是男子。因为女子的闺房是女子秘密的一部分，看到一个女子的闺房，就好比看到了这个女子，是对女子的极大不敬。现代社会虽然已经没有了那么多讲究，但是，如果你想了解一个男人，不妨去他的卧室参观一番。因为卧室是一个最能代表人性格的地方，卧室里的一点一滴都可能透露出一个人内心的不为人知的东西。

还记得《红楼梦》中刘姥姥二进大观园，喝醉酒后误闯进贾宝玉卧房，对贾宝玉卧房的那段描写吗？“四面墙壁玲珑剔透，琴剑瓶炉皆贴在墙上，锦笼纱罩，金彩珠光……”这不正真真实实的是宝玉性格的写照吗？无怪乎刘姥姥会发出“这是哪个小姐的闺房”这样的感叹了。

而我们再看林黛玉，即潇湘妃子的闺房：窗下案上设着笔砚，书架上码着满满的书。寥寥数字将林黛玉性情、生活的精致描绘得淋漓尽致。同样描写薛宝钗的闺房是：“雪洞一般，一色玩器全无，案上只有一个土定瓶中供着数枝菊花，并两部书，茶奁茶杯而已。”床上只吊着青纱帐幔，衾褥也十分朴素。一个清新简洁，居家过日子的女子跃然纸上。而这不也正是黛钗的性格、追求不同的体现吗？

卧室作为一个男人一生中待的时间最多的地方，记录着他的成长轨迹，容下了他的喜怒哀乐，也容下了他内心很多的秘密。如果他愿意带你到他的卧室中参观，这可是一个好机会，你可以通过他卧室中的陈设走进他的心房，聆听他最真实的想法。

当今社会，男人的生活也越来越讲究品位，男人的卧室更是越来越随性而布置，所以，我们更能通过一个男人卧室的品位、设置来了解一个男人。朋友王晶晶向我们讲述了她的经验。

王晶晶说，她之所以会喜欢上她现在的这个男人，不是因为他长得帅，也不是因为他有能力，喜欢上他完全是因为他的卧室。当第一次走进他的卧室的时候她惊呆了，这个男人也太细致、细心了吧，他的卧室虽然不够华丽，却很讲究，虽然没有几样值钱的东西，但看得出每一样东西都是他精心挑拣、布置的，而他更是对其中的每一样东西都充满了热情。王晶晶看得出，这个男人热情而用心地过着虽不富裕却快乐充实的生活。

从此以后，王晶晶一改以前的冷淡，对这个男人刮目相看。经过两个月的相处，她发现这个男人很懂得照顾人，细心、周到，似乎总能想到她想不到的东西，而对王晶晶更是疼爱有加，感情也很专一。这种被人无微不至地照顾、疼爱的感觉让王晶晶也渐渐地喜欢上了这个男人。

也许有人会说，男人的房间有什么好看的呢？不就是臭味熏天，袜子、衣服满天飞吗？这可就说错了，那不是男人的卧房，那是男生的大学宿舍。当男生变成男人的时候，卧室也就成了男人的象征地，走进他们的卧室，才算是真正走近了这个男人。

如果一个男人的房间粗放质感，静静地散发着天性狂野的本色，那么，不管这个男人外表如何柔弱，他定是一个心胸宽广而原始的男人。他仿佛一个深藏不露的高手，他的卧室是他梦想的原始天地，这才是真实的他。

如果一个男人外表大大咧咧，对人也豪爽，你可能就会认定他就是这种开朗、大气的男人。但是，如果你发现他的卧室布置得干净而典雅，深邃而纯净，那么，你就不得不承认这是一个典型的浪漫型男人，只是他外表看起来豪爽不羁。

当你走进一个男人的卧室，发现你好像走进了男人的秘密花园，那么要小心了，或许这个男人平时待人接物都很和善，常常带着微笑的他就好像永远没有脾气的一汪清水，但实际上，他可能是戴着面具的伪装者，他是忧郁的潜藏者。

当你发现一个男人收入有限，但卧室却有很多奢侈品时，那么，这个男人的生活是不正常的。同样，当你发现一个男人有着不菲的收入，卧室却寒酸得没有一点儿品位时，那么，这个男人真的是懂得，他的金钱不能代表他的品位。

有人说，爱一个人其实是爱和他在一起的一种生活。男人不同于女人，男人的生活空间相对狭窄，那间卧室是他们最亲密的空间。所以，如果你想真正地爱一个男人，就先找个机会走进他的卧室，看看他最真实的生活吧，或许你会因为这片天地更爱他，或许你也能发现这个男人根本不能给你想要的生活。

卧室是一种生活，代表了主人的一种态度。对男人而言，卧室是离他生活最近，离真实的他最近的地方。想真正了解一个男人的品位、一个男人的思想，女人们不妨从他的卧室下手，细心观察，你肯定会有不一般的收获。

忙工作不一定是忽视你

最近几天，周莲总是郁郁寡欢。“我老公是一个事业心很强的男人，每次问他我和事业哪个重要，他总是毫不犹豫地回答，‘没有事业做保障的感情不会长久’。我知道这是真话，但是真的很伤我的心。他总因为工作而忽视我，更让我生气的是，前几天他因为加班连我们结婚3周年纪念日都忘了。如果他真把我放在心里，这么重要的日子怎么会忘？我真的觉得自己在他的心目中已经变得越来越不重要了。”周莲沮丧地说。

相对周莲的不理解，董晓珠就显得豁达很多，她说：“我不认为我的爱情和他的事业有冲突，我喜欢事业心强的男人，如果一个男人每天都把儿女情长挂在嘴边，那么我一定怀疑自己看走了眼。”爱情是排他的，几乎每个女人都希望自己的爱人完全属于自己，心中满满地装的都是自己。她们无法忍受自己的男人对别的女人献殷勤，更不希望男人的事业心也成了她们的敌人。如果一个男人爱事业重于爱女人，那么，这个女人肯定对他的事业恨得牙痒痒。

对待感情，男人和女人有着很大的不同。对男人来说，事业是爱情的保障，没有成功的事业就不会有甜蜜的爱情，更谈不上稳固的婚姻。知道这一点，那么有时候你的男人因为工作、事业而忽略你也就不足为奇了。但是，这并不意味着你在他的心目中地位下降了，相反，有时候这反而证明他十分在乎你，他辛勤地工作是为了使你过上安逸舒适的生活。你也许会质疑，现实中不是有很多男人像陈世美那样，为了自己的前途、事业而抛弃糟糠之妻吗？

什么事都不是绝对的，需要具体问题具体分析，男人也一样。下面就来谈谈如何判断在一个男人心中你和事业究竟哪个更为重要。

（1）爱你的男人，在你生病的时候或者无助茫然的时候，能够做到毅然决然地放下工作而来到你的身边。

（2）对你付出真爱的男人，能够为了不在同一城市的你，在陌生的环境中重新开始事业。因为在他们看来，事业可以从头再来，但是你却是唯一的，他宁可失去事业却不会选择放弃这来之不易的爱情。

（3）真正爱你的男人，把事业看做是你们双方获得幸福的保证，而不只是为了满足自己的虚荣心而已。他们真正的目的，还是为了婚姻的幸福。

（4）真正爱你的男人，会为了你们共同的幸福而努力。虽然有时候他们因为工作忙而忘记了你的生日或者结婚纪念日，但是他在内心却一直把你放在最重要的地位，他做的一切，都是为了换来你的笑容。如果一个男人口口声声说要让你过上幸福的生活，但却懒惰不堪，不肯努力工作，他又拿什么来让你幸福呢？

（5）最爱你的男人，不会为了事业而使你伤心和受到伤害。例如，他们不会为了使自己谈成一个项目而叫你一起陪客户吃饭，更不会为了升职而刻意去讨好、追捧女上司。在事业和爱情发生矛盾的时候，他始终坚定地站在你这一边。

一个聪明的女人能够通过现象看本质，她们能够通过男人的行为判断出在他的心中，究竟是自己重要还是事业重要。所以，她们不会为了自己的男人因为事业忽视自己而无理取闹，更不会因为一时的意气用事而对男人大发脾气。相反，如果她们认清这是一个可以为了事业抛弃爱人的男人，那么她们也会义无反顾地离开这个将来可能会使她们伤心的男人，只因为她们不想做男人事业下的牺牲品。女人不妨学得更聪明一些，要知道，男人的忙可能也是为了获得你的认同。

不妨看看他交什么样的朋友

俗话说：物以类聚，人以群分。女人们要想真正抓住一个男人，就一定要抓住他身边的朋友，用最快的速度打入他朋友的内部。也有很多女人会对此觉得不屑，但是这对你了解这个男人确实很有帮助。对于这点，胡颖似乎最有发言权。

胡颖并不漂亮，但她却有个人人都羡慕的丈夫，丈夫对她总是言听计从。两个人从大学恋爱到工作后步入婚姻的殿堂，到现在经常共同牵着女儿在公园漫步，丈夫对胡颖的好是无人不知，无人不晓。其实胡颖只是一个很普普通通的女人，但她是如何牢牢地抓住了这个好男人的呢？直到有一天胡颖过生日，公司里几个女孩子向她请教夫妻相处之道，她才为大家解开了这个谜题。

原来胡颖最大的秘密就是抓住了丈夫身边的朋友，她通过接触丈夫的朋友更深入地了解到了丈夫不同的侧面，包括那些丈夫不愿意让胡颖知道的地方。全面地了解了男人，胡颖才能投其所好，让丈夫觉得自己是世界上最了解他的女人。和丈夫的整个恋爱、结婚生活中，胡颖也总会时不时地请丈夫的朋友吃饭，而这时她就能及时从丈夫的朋友那里了解到丈夫的最新状态，及时更新对丈夫的认识。这样，胡颖就总能客观真实地了解丈夫，从而理解丈夫，给丈夫最及时的关怀，这自然让丈夫对胡颖疼爱万分。

一个人所在的群体能够影响一个人。因为同样的刚直不阿，廉颇、蔺相如终成莫逆之交；因为同样才华横溢和满腔的爱国之情，李白、杜甫亦可友谊永存；贾宝玉永远看不上薛蟠那样的莽夫，却总对蒋玉涵、柳湘莲之类男子“情有独钟”……

没有共同的兴趣爱好是不可能走到一起的，朋友一定程度上可以说是一个人性格的不同侧面的反映。人有多重的性格，由于能力有限，或者外界条件的不允许，会自觉地将很多面隐藏起来，但是他们却会将这些侧面寄托在别人身上，很多时候是朋友身上。所以，要想真正了解一个人，去了解他身边的朋友，尤其是感情不错的朋友，是很好的途径。

女人们总是认为男人似乎是单一的，其实不然，男人也是多变的，男人更是立体的。女人喜欢把她不同的一面展示给喜欢的男人，但男人却总喜欢把女人最喜欢的一面展示给她，而将其他的侧面隐藏起来，或者选择展示给朋友。所以，女人要想了解你身边这个男人，就不要满足于他展示给你的这一面，而要学会从他的朋友那里了解他的方方面面。女人要想知道男人的立体化形象，看他身边的朋友就行了，他怎么装也没有用。

是的，一个男人的品质可以透过他身边的朋友看出来，一个男人的不同侧面可以由他身边的朋友体现出来，一个男人身边的朋友对于女人来说都有着很重要的意义。“物以类聚，人以群分”。细细体味这句话，其实是很有道理的。

男人们因为某些共同的东西走在一起，成为朋友，男人因为欣赏另一个男人的某些秉性、脾气，而那正是自己想要拥有的，所以可以哥们儿情深。喜欢喝酒的人，总能因酒而成为知己，而如果你发现男朋友身边的人都十分爱喝酒，那么，你要小心你的男人八成也是个酒鬼；有文学修养的人，总会嫌弃酒肉之徒的恶臭，而选择和喜爱舞文弄墨的人相结金兰；相反地，在豪爽的汉子们眼中，文儒总有酸臭气息，还是跟能够大口喝酒大口吃肉的男人相处来得痛快。

那么女人，就要好好地把握这一点，去了解这个男人。

如果你发现你身边的这个男人结交的都是一些狐朋狗友，那你要小心了，这个男人的品质可能有问题。否则，这样的人为什么会和那些不正经的人成为朋友呢？如果你发现一个男人身边的朋友都很小气，那么，在相处中你也会渐渐地发现，你身边这个刚开始对你很慷慨的男人一直在伪装，他其实是个十足的小气鬼。如果你发现平时总是对你温情款款的男人，有一个豪气万分的知己好友，你就要想，是不是这个男人因为自己是一个温柔的小女人，而一直在压抑着他豪爽的一面呢？如果是，你不妨找机会让这个男人在你面前豪爽一次，或许你发现他会更加地爱你，离不开你……通过看一个男人身边的朋友来分析这个男人的不同侧面不难，那么，我们怎么才能接近他的朋友，从而作出分析呢？

首先，我们必须和他的朋友成为朋友，真真切切地了解他的朋友，这样你才会真正地走近他的朋友。要想走近他的朋友，成为他的朋友的朋友，我们不妨利用他妻子，或者女朋友这个身份不时地从侧面关心一下他的朋友，偶尔请他的朋友们来家吃个饭，积极参加他和朋友们的聚会等。这些机会都会让你不时地发现一些关于他的有用的信息。你甚至不妨偷偷打听到他和朋友的 QQ 群，大大方方地加入进去，和他那些朋友哥们儿似的聊天，相信日子久了他们也会拿你当朋友。等到他的朋友变成你的朋友之后，你就能从朋友口中得知他的更多信息。

一个男人有什么样的朋友，可以直接反映出他的为人，他的价值取向，他的人生观、世界观、爱情观。“物以类聚，人以群分”，这是颠扑不灭的真理。女人，请相信这句话。只有志同道合的人才容易走到一起，而你也会很容易地发现，从一个男人身边朋友的身上，很容易照见这个男人的影子。这既能让你更全面地认清这个男人，又能抓住他的心理，进而投其所好。

他的前女友会教你很多

男人的前女友是很多女人的敏感点。由于爱情的独占性，她们很讨厌提及男人的前女友，甚至把男朋友的前女友当成是自己的噩梦。每次听到男朋友或者身边的朋友提到他的前女友，女人就觉得那是对自己的一种侮辱、挑衅，是在自觉与不自觉之间将两个人进行对比，这会让她们感到不自在。这时她们经常会雷霆大发，让男人不得安宁。

众所周知，前缀“ex-”在英语单词里含有“以前的”或者“超出的”的意思，女人们可以这样理解，“前任女友”大概真的就是代表了一种超出负荷的感觉吧。但是我们也应保持理智，在现阶段，你们感情中的那些“她们”理所当然是多余的，但“她们”却实实在在地在自己的男友的生活中存在过。她们其实最清楚你现在身边的这个男人是一个什么样的男人。“前女友”们就如同踩在你身边的这个男人人生旅途中的一串脚印，这不会妨碍你的现实生活，反倒能够对你有所帮助。

朋友吴莉是个既温柔又漂亮的女人，就在所有人都羡慕她的幸福的时候，她却做出了一个让所有认识她的人都大跌眼镜的决定——和结婚刚刚两个月的丈夫火速离婚。和朋友们聊起她，没有一个人不觉得好奇的，要知道吴莉曾经是超级喜欢她的丈夫的，不允许别人说他的任何缺点，她怎么会在结婚两个月后就又马上离婚，并且还迅速变得跟仇人似的了呢？吴莉告诉我，她这一辈子最后悔的事情就是没能听朋友的劝告，没能深入了解这个男人。而且事前，男友的前任女友曾经向她发出过警告，她却没有往心里去，最终让自己走上了结婚、迅速离婚这样一个荒唐之路。

其实，吴莉在和丈夫交往的过程中就发觉丈夫对待感情不够专一，但是她却总是能找到理由说服自己，他还是爱自己的，只要他爱自己什么都不是问题。丈夫的前女友曾经是吴莉的大学同学，她知道吴莉要和自己的前男友结婚时，也曾出于好心警告吴莉要留心自己的丈夫，或许他并不是合适吴莉的男人，劝她还是先调查调查他的情史再做决定为好。

吴莉之前老是把丈夫的前女友当成敌人，自然不会把这份劝告放在心上。并且她也认为去调查自己的丈夫和前任女友们的关系，去翻他的情史就是对男人的不信任和侮辱。吴莉害怕伤害到两个人的感情，所以她毅然选择了毫不怀疑地相信他。

然而就是这种单纯的感性的相信，给她带来了这场人生的闹剧。结婚两个月后的一天，她竟然意外地发现丈夫和好几个女人保持着暧昧的关系。她查看了丈夫和几个女人的短信记录，发现其中有两个竟是他的前任女友。一个星期调查下来，这些女人不止在自己和丈夫结婚前后，就是在丈夫还没有遇到自己，在不知道换了几个女友的时候都还保持着不正当关系。了解了这些，吴莉找到了丈夫的前任女友，自己那个大学同学，两个人谈完后，吴莉才知道原来朋友当时和自己的丈夫分手，也是因为发现了丈夫的这些不正当行为。当她跟丈夫摊牌后，他明确地告诉吴莉，自己是不可能改掉这个毛病的，相反，他喜欢这种感觉。吴莉考虑再三，为了自己的终生幸福，毅然和他分了手。

说完这些，吴莉叹了口气，她说此刻她虽然很伤心，但是她更多的是后悔，后悔当时自己怎么就会感情用事，怎么不听过来人的劝告，以至于不能理性地认识一个自己将要托付终身的男人。

爱情也好，婚姻也好，需要感情，但也需要理智。如果一个男人根本不值得爱，不值得托付终身，那么，你对他付出再多的爱都是愚蠢的，你的爱是廉价的。所以，当你真的决定对一个男人付出你的一切的时候，不妨让理智战胜情感，让自己真正地了解这个男人。或许这样才是对你、对他，以及对你们的以后负责。

要想了解一个人就要从他最亲密的人开始。一个男人的前女友曾经是他最亲密的人，并且曾经和你站在相同的位置，所以我们从他的前任女友身上，能够了解到一个男人很多不为人知的东西，相信这将是对你们感情，对你了解这个男人最好的参考史料、实料。

有一种男人，他们表面看上去似乎很无情，不愿意向新女友谈及过去，但是当听到你，或者别人议论前女友的不好时，他们却总能出头阻止。他们不允许你总是有意无意地和他们的前女友比较，他们会告诉你，你才是最好的。但是，当他们的前女友遇到什么情况时，他们甚至能撇下你去安慰前女友。这样的男人是典型的感情仁慈型男人，在他们看来，过去是他们两个人的，而你们现在要过的是以后的日子。他们不会因为以后而否认以前的感情，也不会因为以前而去伤害现在的你。这种男人很看重责任，无论是对待过去，还是对待未来的感情，他们总是能用一种责任心去处理。

有的男人当开始一段新的恋情的时候，就会把前女友忘得一干二净，甚至当做仇人对待。这样的男人大多心胸狭窄，既然相爱过，必然有过很多的美好，那么，又有什么仇恨让一个男人足以忘却所有美好呢？这样的男人对待感情应该说还算比较专一，不用害怕他和前女友会藕断丝连，但也是比较令人害怕的，容不得女人变心、背叛的一类男人。所以，当你身边出现这种男人的时候，你就要小心应承他的感情。要知道，爱也深，恨会更深，是这类男人的特色。

都说女人很难琢磨，其实男人也很难看透。爱上一个男人不难，难的是认清一个男人。有的男人不愿向新女友谈及前女友，背地里和前女友来往，这种男人自觉是情场高手能够周旋于几个女人，尤其是曾经和自己关系特殊的女人之间。在他们眼中爱情唯一是海市蜃楼，他们总喜欢喜新不厌旧，所以在他们的字典里似乎是没有前任、后任之说的。

过往的人，过往的事，是诠释一个人的风景。聪明的女人与其对两个人的感情忐忑不安，与其对他疑神疑鬼，与其害怕有一天被伤害得体无完肤，不如尽快真真正正地去了解这个男人。而了解他最便捷的、实在的方法莫过于用心、客观地发现他和前女友的关系。要知道“欲知他如何待你，先看他如何待人”，这是一个很好的方法，相信他和前女友的关系将会教你如何判断并把握男友的品质。

女人们，不要一味地把男人的前女友当仇人，既然她们已经与他分手了，就不再是你的敌人，相反，他的前女友倒有可能成为你的盟友，帮你更清楚地认识眼前这个男人。

第四章

男人的审美是个谜

——找出男人心中的理想女人

在女人眼中，男人只喜欢美艳的女人，喜欢会调情会发嗲的女人。其实，她们这只是看到了其中的一方面。男人要结婚，看重的不光是女人的外表，而温柔贤惠，勤俭持家是更重要的因素，因为结婚过日子是很现实的。男人心中的理想女人其实标准很高，要有修养，让他觉得有面子；要善解人意、能够调解家庭矛盾，还要能入得厨房。如此，女人们只能大呼：这标准也太苛刻了吧？

男人爱美色，也爱修养

男人爱美女，这是肯定的。但要是谈婚论嫁的话，美貌并不是唯一决定因素，居家过日子是现实的，男人都是很讲究现实的，他们宁愿选择一位相貌平平但性格很好的女人做自己的伴侣。所以说，男人爱美色，也爱修养。如果想要得到自己的男人的青睐，女人们不如也给自己定制一套符合男人审美的标准：外貌美丽如花，内心温顺恭谨。

朱雯雯大学毕业就嫁给了父母安排的相亲对象刘峰。刘峰自己经营一个广告公司，对女性的眼光一向很高，他要的就是在外能够给他挣面子，在内能让他没有后顾之忧的女人。而朱雯雯年轻漂亮，穿着时尚，是很多人公认的美女。同时她又出身于一个家教很严格的教师家庭，内心保守，只想安安分分地当个贤妻良母，在家相夫教子。因此，对刘峰而言，朱雯雯恰好就是符合他要求的女人。

朱雯雯心中清楚，刘峰对女人的要求很高，所以她努力做好这两点。她本身是学服装设计的，对穿着方面也很讲究，衣着时尚是自然而然的，出去绝不会失礼于人前。时间长了，刘峰的朋友都称赞刘峰有一个大方得体的美丽妻子。不过她不喜欢抛头露面，她心中的幸福就是能跟刘峰安稳地度过一生，生个小孩，然后做一个好妈妈。她的这种理念深得丈夫的心。

朱雯雯有一个同事赵双，她与朱雯雯不同，性子很野，也很爱玩儿，经常混迹在酒吧、夜店等场所，以前上学的时候就常常玩儿到半夜三更才回来。后来听说赵双嫁了一个有钱的男人，但不到3个月就离婚了，据说是因为她三天两头在夜店玩儿，而且还被她老公的好友看见。要知道，男人都爱面子，赵双的作为让她老公觉得面子上挂不住，所以很快就和她离婚了。

刘峰听说了这件事后，对朱雯雯说，这种女人不适合当老婆。朱雯雯听了这句话之后，感触很深，以前她一直以为男人都是喜欢赵双那样妖艳性感的女人的。男人评断一个女人，永远有着不同的标准，而唯一不变的是，他们希望自己的妻子能同时满足自己的双重标准。只要有一个标准无法达到，他们的婚姻就有可能出现危机。男人常说现在的女人现实，对男人百般苛刻，既要有钱又要浪漫，可事实上，男人与女人相比，那是有过之而无不及。单就这个双重标准，那已经是女人所望尘莫及的了。女人若想得到男人的宠爱，不仅要貌美如花，更要能做一个贤妻良母。

外表时尚、内心温顺的女人最得男人疼爱。那么，女人怎样才算时尚呢？时尚不是单纯地指“流行”，而是涉及衣食住行等生活的各个方面。而且，时尚是一种内涵，是一种修养，显示的是内在的品位。你若是不具备这样的品位和修养，就算你穿着流行在世界前沿的名牌服饰也体现不出你的时尚。所以，女人若是想让自己变得时尚，那么首先就要提高自己的品位，丰富自己的内涵，展现出女人最优雅的一面。这方面可以通过多读书、学习插花、茶艺等加以提高。

男人还喜欢温顺的女人，这里的温顺指的就是不要太开放。中国的男人其实内心还是传统的，他们还是接受不了西方式的生活风格。因此，女人出外一定要仪态端正，对自己的男人最好能呈现小鸟依人状，时刻检点自己的行为，对别的男人千万不能勾肩搭背、动手动脚。

如果你想你的男人宠爱你，那就投其所好吧。不妨从现在开始修身学习，做一个外表时尚的知性美女，用自己的美貌和修养牢牢抓住男人的心！

宽容的女人让男人感动

如果爱人背叛了你，你会做何反应呢？这是任何女人都不想遇到的事情，但却是任何女人不得不思考的问题，因为谁也无法预料未来会发生什么事情。假如真的发生了这样的事情，你可能会大吵大闹，也可能想过了断婚姻。但是请先问一下自己的心，你是否还爱着他？如果有爱，那么请宽容地给爱一次机会，因为多年的相守使你对“爱是恒久的忍耐和仁慈”有了更深的理解。丈夫有外遇是所有做妻子的心头最难抚平的痛。不管是真是假，没有哪个女人愿意让自己原本平静的夫妻生活无中生有、无风起浪。但该来的总会来，谁都挡不住。

爱的激情褪色后，彼此的吸引淡漠了，这时，假如你还像传统女人一样墨守成规，男人确实容易见异思迁，你自己也会因没有主见而发生判断的失误。假如你遇到了类似问题，不要心急，不要悲观，学会静心自我反省，从中找出问题的症结，对于未来的婚姻之路，每个问题的解决都会让你俩更加和谐。

女人天生是一种感性动物，感情非常丰富，一辈子都会如此。然而，两个人再相爱，相守太久彼此间都难免会变得平淡。所以歌词中会唱：“相爱总是简单，相处太难。”两个性格、爱好、习惯、家庭出身完全不同的人，要在一起共同生活，多少会产生一些磕磕碰碰。相爱容易相处难，是每个在围城之中的人的真实体会。

然而，女人又是可爱的，女人的可爱就在于那份宽容心上。几番劝解、几番温柔之后，破涕为笑时再去想从前伤心时的绝情话，女人自己心中亦觉哭笑不得。捶一捶爱人的胸口，娇嗔地望他几眼，一切的委屈便都烟消云散，这便是女人，让人可恨可气又可爱的女人。

生活多平淡，流年恰似水，也许年轻时多折磨多任性，恍恍惚惚便空度几十年光阴，也爱过也伤过，到头来只留下一身的疲倦与伤痕，越来越老时，才渐渐体会到宽容的重要性。而女人若宽容，不妨自欺欺人地说：生活会阳光骤现，风雨不再；女人若宽容，与之相处的男人，亦会满心欢喜，亦会顺畅得多。因为宽容，许多烦恼琐事便会不战自败，便会自动地烟消云散，退一万步说，亦伤不了自己。伤不了自己，便是爱自己最好的方式。

有这样一个故事。冬冬自认是个非常幸福的女人，她有一个非常爱她的先生，有一个温暖的家。然而在婚后的第10个年头时，她却不得不面对一个让她痛心的情况。

一天，冬冬下班后匆匆回家已经是晚上11点多了，门从里面扣住了。用力敲，没声音，再大声叫，好久丈夫才伸出了脑袋，一副刚睡醒的样子。

冬冬一声不吭地在屋子里转了一圈，突然，她猛地拉开了大衣橱，只见一个衣着凌乱的姑娘，惊慌失措地龟缩在那里。

“穿好衣服，到客厅来。”冬冬很平静地说。

丈夫跟着冬冬来到客厅，刚想开口，冬冬就截住他：“你不用解释，有你说话的时候，请你先回避一下。”冬冬用犀利的目光看着站在面前的姑娘：“你把纽扣系错了。”

姑娘低头看看自己的衣服，果然把第二颗纽扣系到第三个扣眼的位置上了。她的脸更红了。

冬冬接着问：“你叫什么名字？今年多大？”她好像在聊家常。

姑娘感到一股逼迫力，乖得像面对老师提问一样做了回答。

“你知道你这样的行为是错的吗？当然了，这不能全怪你，但在你这样的年纪，要经得起诱惑啊。你要学会找到属于自己的爱，一个全心全意爱你的男人……”

半个小时的谈话都是在和声细语中进行的，这是一场心灵与心灵的交战，它没有白热化的场面，然而却有令人为之震撼的力量。

“大姐，我错了，我以后一定听你的。”等冬冬最后说完时，姑娘已热泪盈眶了。

冬冬把姑娘送出了门，还为她理了理凌乱的头发。

事后，冬冬原谅了丈夫。她不是妥协，而是经过一番理智地衡量后作出的决定。冬冬认为，自己还爱丈夫，丈夫也还爱她，他们的婚姻还没有到非分手不可的地步。

很多时候，良好的教养在发生问题时，往往会成为知识女性的阻力。这时一定要设法从教养的束缚中解放出来，告诉自己，教养应该使我具备更好的心理素质，并且成为我解决问题的动力。这样我们很快就能放下教养的负重，正视眼下的问题，学会以问题为中心。

面对丈夫的外遇，任何女人都不易冷静。但冷静是你解决问题的第一步，该怎么做呢？

（1）不要在当日处理问题

要设法把问题放在一边，对自己说，我绝不在当日解决问题，这种自我戒律一方面可以转移你的痛苦，另一方面也可以适当地平息你的愤怒情绪。

或许当时你怎么也想象不出，自己怎样才能挨过这一日。但是，只要今天过去，明天到来，你一定能大大地放松，从新的一天发现你意想不到的变化。

（2）从想象的离异中体验现在

很有可能，他的突然出轨伤透了你的心，使你无论如何也无法再和他共枕，即使在这时也不要轻易和他分居。尽管大家暂时不能同眠，也要待在他的身边，哪怕背过脸去，从想象的离异中体验现在。

想一想，你已经和他分开了，或者以后你每天回家，再也看不到他的存在。也许，这样的场景可以适当平息你的愤怒，让你找回原先的感觉。即使你觉得自己对他的感情已经变冷，也千万不要过早下结论。俗话说，“一日夫妻百日恩”。只要你俩还在一起，每一个细小的接触都有可能重新点燃爱的火焰。

（3）以习惯的方式解脱痛苦

从前遇到痛苦时，你一定有自己习惯的解脱方式。那么好，这次还是这样做，只要你能暂时解脱，尽量做自己喜欢做的事。比如，外出、购物、找朋友、听音乐……

千万不要待在家里苦思冥想。记住，对付痛苦最好的办法就是暂时关闭思想的开关，努力做一个没有思想的快乐人，你就能得到真的快乐。

（1）想想丈夫的优点，即使他有外遇，你能否舍弃他

假如你想到他的优点时，发现自己无论怎样都无法舍弃他，你就要遵从自己的内心直觉。仔细想想，金无足赤，人无完人，假如你能确认自己真的爱他，就要拿出实际行动，以便证明你的爱。

（2）想想他的过去，看外遇对他是偶然还是必然

毕竟，你们夫妻已有一段感情，想想他的过去，可以帮助你作出眼下的判断。假如你发现他的外遇是偶然，最好能原谅他，给他一次悔改的机会；假如是必然，就要问问自己到底要什么，以便对自己的将来作出打算。

总之，你是知识女性，无论在哪方面都有自己的独立意识。假如在没有他的情况下你也能很好地生活，那么，你唯一需要考虑和捍卫的就是自己对他的感觉。

（3）尽量不在当时交谈

往往，谁也不愿在疼痛时去触动伤疤，同样，刚刚受伤的你俩也不

要轻易交谈过去的不快。很多时候，夫妻之间需要非语言的爱恋，假如你俩能从行动上重归于好，待伤疤痊愈的一日再彼此交流，所有的痛苦都会变成积极的经验。

大雨过后天更蓝，泪水过后情更真。外遇并非虎狼般可怕，如果你处理得当，不但可以顺利地化解这场危机，而且从另一个层面上来说，你们夫妻间的感情经过这严峻的考验，有可能会更加牢固、更加亲密。

女人学会宽容是需要时间和代价的。一般说来，年轻时多任性计较，但在婚姻中一路走下来，慢慢地就会懂得什么叫无奈了。

当然，宽容也不是没有界限的，因为宽容不是妥协，虽然宽容有时需要妥协；宽容不是忍让，虽然宽容有时需要忍让；宽容不是迁就，虽然宽容有时需要迁就。但宽容更多的是爱，在相爱中，爱人应该是我们的一部分，是爱的一部分，在这个前提下，甚至于婚姻中的错误有时也会成为一种营养，它的意义不是教会我们如何谴责，而是教会我们如何避免。

懂得宽容的女人是聪明的女人，她们知道生活中总有波折的，咄咄逼人只会两败俱伤，只有小事不计较，大事又宽容，生活才会幸福而平静。

男人抵抗不住的是温柔

著名作家哈代在他的一本书中写道，在新西兰某处的墓地里，有一块陈旧的墓碑，上面刻着一个女人的名字和这句话：“她是多么温柔可爱。”墓志铭通常是对一个已经过世的人最高最集中的褒奖，这个女人能够得到这样的赞扬可以说明她是多么的温柔可爱了，也可以说明他们夫妻之间的感情是多么甜蜜和谐了。从另一方面来说，她留给她丈夫最深的印象是温柔可爱，这也足以表明温柔对男人有着多么大的吸引力。

温柔就像一阵带着花香的徐徐吹来的暖风，让男人冰冷的心得到慰藉；温柔就像含着薄荷味道的海水，让男人燥热的灵魂在蓝天白云的闲适里得到安静；温柔还像黑暗中的星斗，像神奇的灵丹妙药，让男人疲惫的受伤的心得到休憩……因此也可以说，温柔有着伟大的力量。

有专家称，一个男人能否取得成功是和他的妻子有着密切的关系的。温柔体贴的妻子可以让男人毫无后顾之忧地在外面打拼，可以让男人受伤的心得到抚慰，可以让男人低迷的精神得到振奋。同样，拥有这样一个让人感觉幸福的妻子，男人也会倍增勇气和信心。就是出于男人的保护欲和大男子主义情结，他也会用成功来向自己的女人证明，自己是很有能力让她幸福的，是值得她对自己那么好的。所以说，女人做到温柔体贴也是对丈夫最大的奖赏和支持，也是为自己的幸福增加筹码。

男人以阳刚美标注身份，女人以温柔美显示魅力。女人之所以吸引男人，就是因为她具备男人所缺乏的温柔。温柔也是女人作为母亲和妻子所不可缺少的一种基本的资质和品性。作为女人，你可以很干练、很有能力，但是你千万别丢失了自己的温柔。那样，你也会丢失甜美的爱情和幸福的婚姻。

女人的温柔是为社会所期望和男人所赞扬的，温柔能折射出一个女人的兴趣情调、品质修养。而且，温柔的女人身上同时还会表现出善良、谦逊、慈爱、平易近人等优点。所以，温柔可以使女人更具有女人味，可以使女人更有气质、更有魅力，可以使女人拥有好人缘。

温柔拥有一种无形的力量，它能把一切愤怒、误解、仇恨、冤屈、报复融化掉。在温柔面前，那些吵闹吼叫、斤斤计较、强词夺理的举动，也会慢慢地停止甚至消失。温柔是真性情，是一个女人对生活对爱情的态度。温柔是好品德，是一个女人得到不断完善的保障。温柔能给人如沐春风的感觉，一个女人温柔不温柔，她即使不说话，别人也可以从她的举止里看得出来，从她的目光和神情中看得出来。

中国武术太极就蕴含着这样一种精神，那就是讲究以柔克刚，以逸待劳，以静制动。温柔就是具有这样的力量，可以四两拨千斤，可以使一个强势的、伟大的男人变得像一只温顺的绵羊。古龙大师在《流星蝴蝶剑》中说过："聪明的女人都知道对付男人有种最好的战略，那就是让男人觉得她软弱。所以，看来最软弱的女人，其实也许比大多数男人都坚强得多。"所以，自古以来，多少英雄好汉都是拜倒在女人的石榴裙下。就连"力拔山兮气盖世"的楚霸王项羽也为虞姬寸断肝肠。古人说，红颜祸水。但是男人就是因为撇不开女人的温柔和美丽而一次次中了"美人计"。对于女人的温柔来说，什么"前事不忘后事之师"的警言也是无用。更何况，女人的温柔可以给男人增加无穷的勇气和自信。

女人的温柔绝不等同于唯唯诺诺，逆来顺受。真正懂得温柔内涵的女人是把力量蕴含在看似柔弱的一言一行之中的。不论是项羽那样的霸气男人，还是李煜那种的多情男人，他们面对女人的温柔时，毫无例外地心悦诚服，甘愿听命。这是为什么？难道温柔真的有这么大的魔力？其实原因在于那温柔是温而不火，柔而不弱，正好弥补男人天性中阳刚有余、柔韧不足的劣势，也满足了男人内心深处对柔美恬静的渴求。当女人尽显柔情之时，男人们往往不知不觉地受到影响、受到感染，从而彻底臣服在女人的石榴裙下。

假如女人失去了温柔，这世界该会是怎样一种惨不忍睹的景象。纵使坐拥江山豪气冲天，男人们心里也准是凄凄惨惨戚戚，大好河山没有温柔的女人相伴也是没有意义的，那时他们的心里肯定是一片不知所措的黯然。而女人失去了温柔，也不再是女人，最多不过是一张看着好看的图画而已，没有灵气，没有知觉。

温柔就是女人的镇山之宝。一句“柔情似水”，就是铁骨铮铮的男子汉，一跌进女人的温柔乡里，也会被搞得神志不清，由不得你不惜香怜玉，不乖乖“就范”；任你大丈夫在外如何指点江山，豪气冲天，到了自己心爱的温柔女人面前，自然就被那无边的温情一点点融化，由此可见，女人的温柔让男人也变得温情脉脉。真正的温柔是一种最美好最纯真的感觉。在真正的温柔面前，无须设防，无须小心翼翼，无须提高警惕，神经兮兮。温柔不见得是轻言细语低眉顺眼，却绝不矫揉造作，无病呻吟。温柔是天性，是不可能伪装出来的，有的女性原本缺乏真诚也缺乏温柔，但她们毕竟知道温柔的杀伤力，为了达到一己私利之时，这种女人必定拿一个温柔的面具出场，去对付某些喜欢温柔却又闹不清何谓真温柔的男人，作为实现目标的手段。明明已经是有夫之妇，偏说待嫁闺中，守身如玉；明明是利欲熏心，一心往上爬，硬是说自己清纯脱俗，喜欢平淡生活。实际上，大多数男人还是分得清真假温柔的，即使一时眼花，也会在日后的交往中识破虚伪的面相。所以说，温柔来不得半点儿虚假。

一个女人长得不够漂亮不要紧，但她不可以不温柔，温柔可以很好地弥补女人在相貌和身材上的不足。即使人到中年，女人的脸上青春的色彩褪去了，但只要她心中装着爱、装着梦想，只要她保持着自己温柔似水的柔情，她就永远是美丽迷人的。所以，女人可以没有白嫩的皮肤，可以没有精致的五官，可以没有乌黑的长发，可以没有苗条的身材，但你一定要拥有一颗温柔的心。只要你温柔一点儿，你就会美丽一点儿。

温柔是永恒的美，不受年龄限制。花季雨季的少女可以温柔，做了妻子或母亲的成熟女人也可以温柔，漂亮的女人有了温柔便是锦上添花，平凡的女人有了温柔就平添了美的风韵。温柔是女人一生的财富，有了温柔你就不再怕年华易逝，青春不再，有了温柔会增加超越自我的信心。

所以，对于女人来说，无论你是貌美如花还是平淡无奇，无论你是20 岁的妙龄少女还是 40 岁的成熟女人，只要你能发挥出温柔的伟大力量，你就可以成为一个成功的女人。

女人懂情调也要会调情

有人说，调情其实就像酵母一样，蒸馒头时撒上一点儿酵母会使馒头口感松软、更加香甜。制造一些情调，让男女之间的感情得到升华，愈加浓烈，这便是调情。调情就是两个人爱意表达的一种方式，它不会那么赤裸裸，相反，它含着那种缠绵、委婉、暗示的成分，这样得到的愉悦让人真正的放松。

人们普遍认为调情过程是由男性主导。就像自然界里雄性对雌性求偶一般，男人在看到喜爱的女人之后，受雄性激素的驱动会向她发出爱的邀请，企图在众多求爱者中拔得头筹，获得青睐。然而事实却不是这样，根据最新研究显示，整个调情过程的掌控大权实际上是操纵在女性手里的。女性一旦选择了某个心仪的男性，便会通过眼神、表情等方式传递爱的讯号，鼓励他对自己发动追求攻势。这在心理学上称之为下意识的诱惑，其实就是一般所说的调情。

男女双方从相恋到结婚，少了些浪漫，多了些实际，生活渐渐被柴米油盐挤占，两个人之间那种缠绵浪漫的氛围也渐渐消散。因此，有的女人就会想，是不是丈夫不再爱自己了，是不是对自己已经厌倦了？其实，这种审美疲劳并不是不爱的表现，而是双方都没有了当初相恋时的情调了。这时候就需要一定的手段，来使双方恢复到原来激情四射的状态。调情就是一种常见的手段，调情是让爱情“有声有色”的催化剂，能娶到一个会调情的女人绝对是男人的福气。

善于调情的女人，在两性互动中，会更自信、活泼、如鱼得水，在生活上也更积极进取，勇于克服挫折与困难。一位心理咨询师曾说，调情和表演有异曲同工之妙，都能使人暂时忘记拘谨的自我，久而久之个性就有了很大的改变。精神医学家根据多年临床经验发现：对于男人来说，肉体上的亲密接触往往比在心理上的“被需要”更能增强他的安全感。所以，适时地对伴侣调情，绝对能使二人世界绽放出绚丽的火花。

当你与爱人独处，不妨以小动作增加两人的接触：适时轻拍他的手背，表示对他的支持；在他耳边细语，让他感受到你的气息；来一些温柔的肢体接触，让爱人为之心动。适当的调情不仅可以使两人重燃初识时的恋爱之火，更能够让他的性欲“起死回生”。

激情不是一瞬间说来就来的，总要提前做一些铺垫，即通常所说的制造氛围。每个人喜欢的浪漫各不相同，聪明的女人要注意研究自己的爱人，看看到底什么样的方式能激发他的兴致。

有人喜欢幽暗之夜的浪漫，喜欢卧室里暧昧的橙红色灯光，对他们而言，这更能产生温情的感觉。因为在大多数人看来，红色代表妩媚、多情，柔美的红色容易使人产生一种躁动，这是一种美妙、神奇、令人心动的色彩。这样的色彩，这样的夜晚里，会使男人女人对性产生一种高雅的朦胧感。这就是调情的最高境界了。

不光烛光晚餐的相依是调情，其实耳鬓厮磨，相互倾诉也是调情。但如果你认为调情只是有意的，那就错了，它是一种有着丰富内涵的高雅的事情。调情不是开门见山的，不是粗俗的，它是一种艺术，是给性爱的美好增加保鲜剂的。调情就是爱情，会让你再次体会到那一刻的怦然心动，会使你对“性福”充满无限的眷恋和等待。

调情不仅能给恋情带来正面影响，而且对一个人的个性也有很大影响。很多原本羞涩胆小的女性，在和谐的两性关系中渐渐获得了自信，开发出自己的潜力，找回了自我。同时还能享受亲密关系，增进夫妻感情。一个勇于开发性自我的女人性感、活泼，在两性互动中如鱼得水，而在生活层面上，她不仅更积极进取，遇上挫折与困难也能够努力克服。

也许你没有如花的美貌、窈窕的身材、傲人的胸围和妩媚的气质，但这并不是说你就没有与男人调情的潜力。调情的重点在于制造氛围和情调，一位吸引人的调情者重点并不在于拥有美貌，而是展现自信与专注。在爱人面前，你那专注的眼神饱含着千言万语，你那美好的仪态倾诉着你对他最深切的爱，这其实就是最有效的调情手段。细心观察，体会对方的需要，是最令人无法抗拒的调情。

只要你用心去做，你就会发现调情可能就在你不经意的一个眼神中，一句情意绵绵的话语中，生活中的点点滴滴都可能成为你们调情的最佳催化剂。在这里，有几点是调情中的普遍做法：

（1）把距离拉近

下班回到家，不要各干各的事情。很多时候，女人都有这样的烦恼，想和他在一起，可是却隔得很远，一个在书房，一个在厨房。很多女人不好意思主动走近自己的爱人，须知只有缩短距离才能有机会和你的爱人亲密接触，所以，大胆走到他面前吧。

（2）四目相对

深情地凝望对方的眼睛，然后移开目光，让对方从刚才的迷离中突然醒来，发现自己失神的状态。然后再次凝望对方，这次应面带笑容。此刻，他就可以尽情地看你的含情之眼，看你挺翘的鼻子，看你性感的嘴唇。四目相视，透过眼睛看见对方的内心，听到对方心里的声音。

（3）轻触对方

生活中，你可能正与爱人交谈，这时候也是调情的好时机。这时候如果对方说了一句绝顶聪明或特别逗人的话，你可以装作漫不经心地把手放在他的胳膊上。透过你的动作，他就会了解你现在正在为他动情。这让男人会产生成就感，原来自己也是如此诱人。

让调情成为生活的一部分有助于夫妻感情的稳固，这对于开发性自我，乃至于经营两性生活都是至关重要的。女人一定要有自信，你是否受到关注和欢迎，与长得漂亮与否没有必然的关系。调情更不是穿上最大限度暴露身体的衣服，喷洒上名贵香水招摇过市。会调情的女人可以相貌平平，可以成熟稳重，却一定充满着智慧。所以，女人们不要再把时间和金钱花在抽脂丰胸这类事情上了，学会调情这门高智商的游戏才会真正让你抓住男人的心。

善解人意的女人易得男人心

随着社会竞争的加剧，男人的压力也越来越大，于是更多的男人在选择伴侣时，更多地倾向于她是不是有一颗善解人意的心。当奔波忙碌一天后回到家里，有一个善解人意的妻子等着自己，那种心情是不言而喻的。女人的善解人意使男人可以像个孩子一样放松，他们的心情和状态得到很好的调整，然后去迎接新的一天。在夜深人静的时候，或者在枯燥无味的时候，有一个善解人意的她陪在身边说话、聊天，这是男人最向往的平淡的幸福。

茫茫人海中，每个男人都在寻找着这样一个可以和自己并肩向前的女人。男人是渴望她既漂亮、温柔，又大方、贤惠，但在男人内心深处更希望她可以善解人意。所以，女人要学会用善解人意的语言来捕捉男人的心，把属于你的那份爱情紧紧地掌握住。

那么，什么样的女人才算是善解人意的呢？

善解人意的女人对人生已经有了一定的领悟，她知道男人是一个个体的男人，他那颗心在属于她的同时，更多的还是属于他自己；她知道自己身边的这个男人虽然是她今生今世的至亲至爱，但她不会用绳子把他牢牢地拴在自己身边。

善解人意的女人无论在什么时候都不会把男人当成自己的私有财产，对男人耳提面命，要男人言听计从；她也不会在男人忙于工作时抱怨男人不顾家，也不会让男人时时刻刻牵挂着自己。她知道，在男人的骨子里事业还是大于爱情。

善解人意的女人知道好男人就像是盘旋在高空中的鹰，只有当这只鹰累得飞不动了或是想要休息的时候，他才会落到地面，才会回到女人身边，才会想起去享受他的爱情。所以，善解人意的女人只会在那里安静地等待着他的归来。

善解人意的女人知道男人有刚强的一面也有脆弱的一面，她知道男人基本上都把荣誉和脸皮看得比生命还重要，因此，善解人意的女人知道如何去维护自己的男人，她总是很小心地不去触碰男人精神世界里的那些禁区。而当男人被某种事情缠住，他自己不愿或不便去解决而想求助于自己的女人时，善解人意的女人绝不会去摆高姿态，她会在男人还没开口时就去把那件事情办妥，而过后就当那件事没发生过一样。

善解人意的女人绝不会在自己男人的身上使用小伎俩，也不会像泼妇一样把自己的男人收拾得颜面无存，更不会因为一件小事便和自己的男人喋喋不休地吵个不停。她知道男人发火的原因很大程度上不是因为眼前某件事情，导火索潜存于男人情感世界的另一处。

善解人意的女人深知平平淡淡才是真，给他准备着精心别致的晚餐，在他生日时送一份礼物，当他读书写作时给他端上一杯香茗，在平平常常中，用点点滴滴去温暖他的心。

正如歌中唱的那样，“十年修得同船渡，百年修得共枕眠”。对于善解人意的女人，男人也懂得去珍惜去照顾，他们不是不知好歹的人。在生活的河流上，他们同乘一条船，已经不是风雨同舟那么简单。在男人眼里，善解人意的女人不仅仅是坐船的，也不仅仅是划船的，她是帮着男人撑船的。同样，男人们多数是极具理性的，他们不会因为善解人意的女人谦让而得寸进尺，他们会对善解人意的女人心存感激，会更加珍惜她，好好爱她，照顾她。

关于好女人，曾有作家给出过这样一个十分明晰的标准。他说：“真正够水准的女人，她聪明、柔美、清秀、妩媚、有深度、善解人意、体贴自己心爱的人，她的可爱是毫不嚣张的，她像空谷幽兰，只是不容易被发现而已。当你发现了这种女人，你才知道她多么动人。一通电话她使你魂牵；一封来信，她使你梦萦，在大千世界里，两情神驰。”说了这么多，其实也就是在对善解人意的女人做很好地描绘。当然，或许善解人意的女人并不见得妩媚和柔美，但她肯定具有女人最最本质的美。所谓“金无足赤，人无完人”，在这个世界上奔波的人，没有一个是十全十美的，因此每个人才在不断地完善自己，发展自己。对于男人来说，善解人意的女人便是他们最渴望接近的。因为善解人意，一切都在残缺中生动起来，变得越来越美好。

现实中，很多女孩不理解：为什么天仙一般的自己还会遭到男友的抛弃？不是说男人好色吗？为什么很多男人“美色”当前，却宁愿选择平凡女子？

事实上，虽然男人好色，但也不仅仅是好“色”。男人看女人，相貌当然是最先引起他们注意力的，然而，真正能拴住他的心的却不是那简简单单的一副躯壳。人区别于动物的不同之处，是因为人有丰富的精神世界。再漂亮的美人，看久了也有厌烦的一天，更何况，美人还会迟暮呢？虽然风月情场上的男人都是围着那些性感美女打转转，但真正能让男人倾心的永远是那些能够和他站在同一片精神领地的女人。所以，对于男人而言，一个能够理解自己、安慰自己的善解人意的女人，顶得上 100 个国色天香的美女。

我想，现在女人应该明白了，为什么那么多事业有成的男人家中掌舵的却是外人眼中的“黄脸婆”。

一个年轻女人，如果单单以某个男人太太的相貌来界定自己有没有颠覆他婚姻的可能性，这想法实在是太过幼稚了。男人遇到国色天香的美女，不过是一时的心动，碰上善解人意的女人，他才会真心真意地去爱。因为男人在为事业打拼的时候，更需要的是一个善解人意的女人默默地支持他，关怀他，帮助他。

所以，聪明的女人就赶快成为一个善解人意的好女人吧，那样，你的他就会对你不离不弃了。

好脾气才能天下太平

从生理角度来讲，女人比男人更容易冲动，更爱发脾气，她们很难容忍不如意的事。然而坏脾气不仅会伤害他人，还会伤害自己。因此，女人一定要学会控制冲动之下的坏脾气。

生活不可能平静如水，人生也不会事事如意，人的感情出现某些波动也是很自然的事情。可有些人遇到一点儿不顺心的事往往便火冒三丈，怒不可遏，乱发脾气。结果非但不利于解决问题，反而会伤了感情，弄僵关系，使原本已不如意的事更加雪上加霜。与此同时，生气产生的不良情绪还会严重损害身心健康。

美国生理学家爱尔马通过实验得出了一个结论：如果一个人生气10分钟，其所耗费的精力，不亚于参加一次3000米的赛跑。人生气时，很难保持心理平衡，同时体内还会分泌出带有毒素的物质，对健康十分不利。

虽然人人都有不易控制自己情绪的弱点，但人并非注定要成为自己情绪的奴隶，或喜怒无常心情的牺牲品。当一个人履行他作为人的职责，或执行他的人生计划时，并非要受制于他自己的情绪。要相信人类生来就要主宰、就要统治，生来就要成为他自己和他所处环境的主人。一个心态受到良好训练的人，完全能迅速地驱散他心头的阴云。但是，困扰我们大多数人的却是，当出现一束可以驱散我们心头阴云的心灵之光时，我们却紧闭着心灵的大门，试图通过全力围剿的方式驱除心头的情绪阴云，而非打开心灵的大门让快乐、希望、通达的阳光照射进来，这真是大错特错。

我们是情绪的主人，而不是情绪的奴隶。著名专栏作家哈理斯和朋友在报摊上买报纸时，那朋友礼貌地对报贩说了声“谢谢”，但报贩却冰冷着脸，不发一言。“这家伙态度怎么这样？”他们继续前行时，哈理斯问道。“他每天晚上都是这样的。”朋友说。“那么你为什么还是对他那么客气？”哈理斯问他。朋友答道：“为什么我要让他决定我的行为？”一个成熟的人握住自己快乐的钥匙，他不期待别人使他快乐，反而能将快乐与幸福带给别人。每人心中都有把“快乐的钥匙”，但乱发脾气的人却常在不知不觉中把它交给别人掌管。我们常常为了一些鸡毛蒜皮的事情或者无伤大雅的事情而大动肝火，当我们对着他人充满愤怒地咆哮着的时候，我们的情绪就在被对方牵引着滑向失控的深渊。

有个脾气很坏的小男孩，动不动就乱发脾气，令家里人很伤脑筋。

一天，父亲给了他一大包钉子和一把铁锤，要求他每发一次脾气都必须用铁锤在家里后院的栅栏上钉一颗钉子。

第一天，小男孩就在栅栏上钉了30多颗钉子。但随着时间的推移，小男孩在栅栏上钉的钉子越来越少。他发现自己控制脾气要比往栅栏上钉钉子更容易些。

一段时间之后，小男孩变得不爱发脾气了。于是父亲建议他：“如果你能坚持一整天不发脾气，就从栅栏上拔下一颗钉子。”又过了一段时间，小男孩终于把栅栏上所有的钉子都拔掉了。

这时候，父亲拉着儿子的手来到栅栏边，对他说：“儿子你做得很好，可是你看看那些钉子在栅栏上留下的小孔，栅栏再也不会是原来的样子了。当你向别人发过脾气之后，你的言语就像这些钉子孔一样，会在人们的心灵中留下疤痕。你这样做就好比用刀子刺向别人的身体，然后再拔出来。无论你说多少次对不起，那伤口都会永远存在。”

不良情绪不仅会让我们身边的人无所适从，受到伤害，也会让自己受到伤害。所以，我们应努力管理好自己的情绪，以豁达开朗、积极乐观的健康心态工作，而不是让急躁、消极等不良情绪影响我们。不要让自己的情绪影响自己的心情，影响别人的心情，做自己情绪的主人，这是一个健康乐观的人要做到的最基本一点。

如何改掉乱发脾气的坏习惯，让愤怒的情绪尽快远离我们，是幸福人生必修的课题。

首先，我们要积极调动自己的理智来控制情绪，让自己在愤怒的时候先冷静下来。当他人的言语或者行为刺激到你时，应强迫自己冷静下来，迅速分析一下事情的来龙去脉，以及如果发脾气会给自己带来什么样的后果，然后再采取表达愤怒情绪或消除冲动的做法，尽量使自己不陷入冲动鲁莽、简单轻率的被动局面。比如，当我们被别人无端地讽刺、嘲笑时，如果断然暴怒，反唇相讥，则很可能引起双方争执不下，怒火越烧越旺，自然于事无补。但如果此时你能提醒自己冷静一下，采取理智的对策，如用沉默为武器以示抗议，或只用寥寥数语正面表达自己受到了伤害，指责对方无聊，对方反而会感到尴尬。

其次，我们在感到愤怒时还可以用暗示、转移注意力的方法。使我们生气的事情，肯定是触动了自己的尊严或切身利益，让我们很难一下子冷静下来，所以，当我们察觉到自己的情绪非常激动，眼看控制不住时，可以及时采取暗示、转移注意力等方法自我放松，鼓励自己克制冲动。言语暗示如“不要做冲动的牺牲品”，“过一会儿再来应付这件事，没什么大不了的”等，或转而去做一些简单的事情，或去一个安静平和的环境，这些都很有效。人的情绪往往只需要几秒钟、几分钟就可以平息下来。但如果不良情绪不能及时转移，就会更加强烈，发怒者越是想着发怒的事情，就越感到自己发怒完全应该。根据现代生理学的研究，人在遇到不满、恼怒的事情时，会将不愉快的信息传入大脑，逐渐形成神经系统的暂时性联系，形成一个优势中心，而且越想它会越巩固。此时如果马上转移，想高兴的事，向大脑传送愉快的信息，争取建立愉快的兴奋中心，就会有效地抵御、避免不良情绪。

女人平时不妨进行一些针对性的训练，培养自己的耐性，比如练字、绘画、制作手工艺品等，坚持下去，你的心态一定会平和许多。

男人喜欢若即若离的神秘感

小莲是一个纯真的小女人，今年25岁了，她想找一个又帅又体贴的伴侣。她虽然不懂怎么迎合男人，讨男人喜欢，但是她相信只要付出自己的真心，迟早会赢得甜美的爱情。经人介绍，她认识了帅哥杨晔，正是她喜欢的类型。小莲确实是个好女人，相处了短短一星期，杨晔就觉得自己是世界上最有口福的男人，因为小莲总是变着花样地给他做好吃的。不仅如此，每天早上杨晔一开手机还会收到小莲的天气预报，提醒他及时增减衣物，那可真是温柔体贴。杨晔问小莲她想要什么，小莲傻傻地笑："我什么都不要，只要你开开心心，我就满足了。"杨晔心里有点儿异样，这个小莲把我当成了她生命的全部了吗？

其实杨晔是一个浪子，他的心中总是牵挂着另外一个女人——陈青。陈青和小莲是完全不同的两种人，陈青是一个很自我的人，不想为任何人而改变自己，即使是自己爱的男人。因此，陈青对杨晔总是若即若离，从不表达自己对他的感情，他们在一起时很开心，而却不会说一些爱的话，从不会主动联系他，只是偶尔，让他充满幻想。

所有人都认为杨晔最终会选择小莲这样的乖乖女，但最后他选择了一直对他若即若离的陈青。杨晔说，正是因为陈青的若即若离，才让他觉得兴致盎然，有征服她的欲望，正是这种欲望让他真正爱上了这个女人。

都说男人是视觉动物，喜欢漂亮的女人，所以女人们拼命买化妆品和好看的时装，打扮得性感妖娆来吸引男人。殊不知，这种外表的吸引可能会占得先机，但是女人要想长久地吸引男人，靠的绝对不是惊人的美貌，也不是温顺的性格，更不是非凡的才华。女人制胜的法宝乃是让男人无法掌控的神秘气息，这种神秘能满足他们狩猎的欲望。深藏不露、飘忽不定、捉摸不透，这样的女人最勾魂摄魄，能让男人魂牵梦萦。

都说女人的心似海底针，其实，男人的心才跟天气一样，经常阴晴不定。明明昨天还如胶似漆，山盟海誓，今天就不理不睬，好像是陌生人一样。其实问题出现在女人身上，你对男人太好了，让他没有了征服你的欲望。

主动投怀送抱的女人无异于送货上门。生活中，我们经常碰到送货上门这种推销，我们总是会怀疑送上门的货物的品质和档次，所以通常我们不是拒绝就是将其当成假冒伪劣产品，就算质优价优，照样难免被拒绝。

在男人眼里，即使你是沉鱼落雁的美女，如果主动投怀送抱，男人在短暂的喜欢之后也会弃如敝屣。因为轻易得到的远不如自己踏破铁鞋才找到的珍贵，追寻的过程给了男人无限幸福的遐想和渴望。

男人通常如此，当女人对他好得不得了的时候，就是他要离开女人的时候。当一个女人对他失去新鲜感和吸引力以后，他会飞速地离开。这时候女人的任何挽留和乞求都无济于事，只会给以后的幸福留下伤痕。不要以为美丽的外貌就是女人的法宝，男人真正爱的是一种感觉，是一种若即若离得不到的感觉。笨女人再漂亮也是没有用的，不妨学学聪明女人掌控男人的手段，那就是欲说还休、欲擒故纵。

李洁是个难得的美女，追她的人一大把。但奇怪的是，她的每一次恋爱总是触礁，男人们一个个离她而去。李洁实在百思不得其解，只好去求助她的好朋友，让朋友陪她去咖啡厅坐坐。聊了很久之后，朋友才发现症结所在，她太实在了，什么都跟男友讲，连过去的情史都一五一十地告诉男友。这肯定是犯了恋爱的大忌，他对你的过去了如指掌，不仅会横挑鼻子竖挑眼，而且也会因为神秘感丧失而失去兴致。

聪明的女人永远只说七成，留三成让对方揣摩与遐想。男人因性而爱其实是一句十足的假话，可是傻女人偏偏试图用身体来挽留男人。身体、感情，将所有的一切都献给了男人，让男人对你了如指掌，然后丧失在他面前的最后一点儿神秘感。聪明的女人是绝对不会这么做的，她们知道男人会悄悄地在心里把女人分为两种类型：随便玩玩快餐型的和适合娶回家做老婆的。你一旦被归为随便玩玩的类型，想跟他走入婚姻礼堂的概率就可想而知了。

许多男人表示，很快就和自己发生关系的女人，不一定会娶回家。很多女人将自己毫无保留地奉献给对方，自以为无比高尚，但男人通常并不领情，甚至因此对她失去了兴趣。聪明的女人深知男人的这种想法，她们不会轻易给他们所想要的，但也不会让男人误以为她们是古板的女人。她们时常表现出一些撩人的小性感来勾引男人，却并不完全满足他们。她们对待男人，永远都若即若离，留着一手。留下的那一部分，就是男人永远感到神秘、永远想着要攻克的堡垒。聪明女人绝不会把自己的全部身心交给男人，有所保留，才会有期待和进一步了解的欲望。对她们而言，坦诚一切是最笨的做法。

所以，女人们要记住，男人永远只爱神秘的女人，“犹抱琵琶半遮面”才给人无限的遐想，这才是男人最想要的。高明的若即若离，不会拒人千里之外，而是让男人保持一股战斗进攻的激情，也为自己留一条退路。女人往往在奉献出一切的时候，也就失去了男人的尊敬。

恋爱中，如果你想征服一个男人，就要采取若即若离的手段，制造一些美丽的麻烦是你的权利，也是恋爱可贵的花絮。

（1）不要立刻去接他的电话。知道是他打来的电话，要等到铃声响了 8 遍之后再接听，不要太焦急，哪怕你是那么想听他的声音。

（2）学习在他面前弯腰捡东西，相隔 3 尺左右，这动作很性感，带点儿诱惑，但那是他的事，与你无关。

（3）偶尔不讲理，然后负气离开，记得，要优雅地转身。约会迟到，当然不要每次都这样，5 分钟为底线。

（4）拒绝他的吻，特别是深吻。不过，最后你要安抚一下他，主动吻一下他的脸，有张有弛。

（5）亲热的话留在电话里说，面对面时，目光游离一点儿。多站立，少斜躺，不要在沙发或椅子里呈深陷状态。

男人喜欢被称赞的感觉

当男人夸奖你聪明、漂亮时，任何一个女人都会觉得很甜蜜，同时也自认为确实像别人说的那样优秀。即使自身并没有达到那种优秀的程度，女人也会在这种激励之下往优秀的方面发展。其实，不光女人爱听赞美之言，男人也是如此。一个男人爱上一个女人可能有很多理由，比如她聪明、漂亮，或者气质高雅、温柔贤惠……其实，男人心中另有一个秘密，那就是这个女人令男人觉得自己更优秀。

男人的好胜心、虚荣心比女人有过之而无不及，他们喜欢在异性面前显现自己光彩的、强大的一面，只有在无人的角落里，才肯默默地舔舔伤口或者偷偷地喘口气儿。当他们因遭遇挫折失去希望而伤感和自卑的时候，如果有一个女人在他们身边一直鼓励他们："你肯定能够做到！""我绝对相信你的实力""其实你很聪明的"。这种赞扬会使他们心中充满干劲，回过头来，他们会以更加充足的爱意来回报那个女人。

在教育孩子方面，“童话大王”郑渊洁曾说：“只要‘往死里夸他’，任何孩子都能成为天才！”实际上，男人就是个孩子，无论外表怎样坚强，在巨大的压力或者挫折面前，他的内心都是柔软脆弱的，需要你温柔肯定的激励，需要你的安慰抚摸。

所以，女人们要把自己甜言蜜语的功效发挥到最大值，主动地称赞老公，真诚地向他传达你的欣赏和爱慕。但要注意一定要有的放矢，夸到点子上，这还需要我们去耐心发掘老公的闪光点。男人必然有许多值得称赞的行为，只是被忽视罢了，这需要你事事处处加以留心，从中发现老公的可取之处。如果老公每做一件漂亮的事，都能及时得到老婆的赞美，他会发现自己娶了一个世界上最善解人意的女人，他对你的爱也更加深厚。

要想牢牢把握男人的心，日常生活中的多多夸奖是必不可少的，这会让老公觉得自己是被人欣赏的。尤其是当老公遇到挫折的时候；当他遇到了两难的选择，内心在作挣扎的时候；当他要向事业的更高峰进军的时候……你奉上真诚的鼓励，以实际行动支持他，男人会从内心里感动，所谓“患难见真情”，可能从此这个男人就会彻底臣服在你的脚下。

现代社会，竞争和压力无处不在。男人为了事业、家庭而努力打拼，再多的苦和累，他们都默默地承受；再多的委屈和辛酸，他们也深埋心底。他们唯一的渴望就是，在拖着疲惫的步伐回到家里的时候，老婆真诚地对自己说一声：“你辛苦了。”这会让他感到温暖和幸福，让他的疲劳消失殆尽。当男人低落时，当男人的事业不如意时，他的心情难免会烦躁，那证明他是一个有责任感的男人，这时你的奚落会让他觉得很没面子，很影响你们之间的感情。不过在你安慰他的时候，一定要把握好这个度，不宜多说，但也不要默默地一言不发。很简单的一句话："老公，你是最棒的。咱不着急，失去你那是他们的损失。"表达的是你对他的理解和尊重，还有对他深深的爱和浓浓的情，换来的将是老公的东山再起和对你更依赖的爱。

心理学上有这样一种现象：如果你看重某人，对他寄予深切期望，那么他一般都会尽力地按你希望的样子去奋斗，因为他不想辜负你的一番期望，他想通过努力证明自己是值得你看重的。所以，女人们，按你希望老公成为的样子去夸奖他，你会发现老公正在往你期望的方向转变。

李欣是个很普通的女孩子，在一家出版社任助理编辑，长相平平，家世也一般，属于再普通不过的女人了。但就是这样一个女子，爱情生活却异常美满。

她的老公杨林和她是大学同学，杨林踏实肯干，早在大四时就开始帮一个大型集团做项目。毕业后，进入该集团北京分公司，只用了两年的时间便被提拔为客户经理，收入颇丰。

老公非常宠她，每次外出公干，都要给李欣买许多时尚服装和女人们喜欢的小饰品。在家的时候，也都尽量地陪着老婆，并且主动分担家务。

李欣表示："我老公是完美无缺的，虽然别人不这么认为，他自己也不这样认为。"

她的老公确实不算完美，戴着厚厚的眼镜，严谨有余，倜傥不足。

"我知道他的毛病，他总是把自己想得太低。"她说，"这不行，我可不想让我的孩子有个懦弱的父亲。所以，从大学时代开始，我就天天想方设法吹捧他，甜言蜜语，花言巧语，豪言壮语，我就不信他不爱听。现在为什么他业绩那么好，进步那么快？嘿嘿，家里有个激励大师呢！”

李欣的成功之处就在于她给老公勾画了一个蓝图，并且通过鼓励让老公相信自己可以那样优秀，这样，男人的潜力就被激发出来了，他就会朝那个方向去努力。

称赞是一剂灵药，它可以使男人进步，在一个好老婆的鼓励下，男人可以从懒惰变为勤快，从自卑变为自信。要知道，好男人是聪明女人调教出来的。

如果你想让他多干些家务活，只需让他感到被需要即可。男人都喜欢被人夸奖他强健有力，可以很快把一件事情搞定。当他登上梯子快乐地粉刷墙壁时，他会感觉自己在做一件非常了不起的大事。

无论他心血来潮地做了什么，比如整理了一下书房，你都要夸奖他。也许书房被他整理得乱七八糟，所有的书的分类都被打乱了，这都没有关系，你只需像在动物园里给表现最好的海豹鼓掌一样，然后趁他不在的时候，自己亲自再把所有的书分门别类放好，实际上这也不是多么麻烦的事情。如果你在他兴致高昂的时候说“书都被整乱了”，那你就惨了，他会因此不再做任何家务活，离你的期望越来越远。

当老公在事业上停滞不前时，你要坚定地站在他身后，鼓励他再接再厉，相信他有潜力、有发展空间，上司很快就会发现他的能力；如果他是一个大男子主义的人，你可以把他偶尔为家里做的一些微不足道的小事，郑重其事地提出表扬，你可以说：“嫁给你这样的好男人，我一辈子都不后悔。”用你热情的称赞，坚定的支持，把老公打造成期望中的样子。

第五章

男人女人来自两个星球

——怎样做好星际间的沟通

世界上只有两类人：男人和女人。千百年来，这两类人不断进行着沟通。但是直到现在，女人也不懂男人究竟是什么动物，仿佛男人和女人是来自不同的星球，有着不同的思维，总是会产生矛盾。要想收获甜美的爱情和稳定的婚姻，女人必须了解男人，必须学会和男人沟通。你们各自的性格是怎样的，你们的性格是否合适，你和他之间有没有信任做基础，这都是需要女人深思的。

你的性格决定你的爱情

不同的性格决定不同的价值取向和恋爱模式，性格的多样化也就决定了恋爱模式的多样化，了解恋爱模式的基本模式，有助于女性朋友们观照自身，优化自身性格，从而构建完美的恋爱模式。

（1）游戏型

此种恋爱中游戏的成分重，目的常常是为了享受恋爱过程中的快乐，带有轻微的玩火性质，像是玩儿惊险游戏一般，目的只有体会追逐的奇妙感觉。但是这种爱情极不稳定，双方大多讨厌受束缚，他们相互尊重对方的隐私，所以只适合维持一种像好朋友一样的轻松关系，过简单清淡的生活。重感情的人一般不适合这种恋爱模式。

（2）性欲型

恋爱双方全身心投入进去，情感热烈，如同一团熊熊燃烧的烈火。一旦喜欢上对方，便寝食难安，一心渴求对方，不惜与对方化为一体，一旦这样的二人相遇，肉体关系发展很快，但爱情之火燃烧得越猛烈，熄灭得也会越迅速。

（3）朋友型

属于稳重的成人式恋爱，以诚实和体谅为本，双方更加追求心灵的契合，有着共同的人生观，因而交往方式非常稳重，双方关系有点儿类似于友情。缺乏惊险刺激，可能会偶尔感到无聊，但共处时的放松感，能使两人伴侣般的关系长期稳定地维持下去。

（4）孩子与孩子型

这种类型的恋爱总是不停地吵闹，和好再吵闹，然后又和好。恋爱双方经常为小事相互生气，发生误会，但过不久就烟消云散、和好如初。这种类型恋爱模式在外人看来很不保险，随时有解体的可能，但是当事人却乐在其中，有着很多旁人不知道的乐趣。他们不管怎样闹，怎样斗气，但是双方明白彼此的生活都不能离开对方，自己才是最适合对方的。有很多初涉爱河的男女都属于这种类型，当然也有很多双方性格活泼、开朗的人，他们的相处之道就一直如同孩童般纯真和浪漫。

（5）家长与孩子型

在日常生活中，我们还可以看到许多年轻的男性喜欢年龄比自己大的女性，因为在她们身上，他们可以感觉到更多的母爱和温暖。相对应地，许多的女性也选择比自己大很多的男性，因为在他们身边，自己会更有安全感，这些都是这种恋爱模式的典型范例。

这种类型的模式，顾名思义，必然是恋爱的一方承担着家长的角色，另一方则是孩子的角色。承担家长角色的人必然要付出得多一些，他们要照顾依赖的一方。由于在传统观念中，女性总是处于柔弱和依赖的地位，所以在这种类型中，女人一般来扮演孩子的角色。但是也有很多天性懦弱、容易产生依赖心理的男人，那么他们在家庭内很有可能扮演孩子的角色，他们更喜欢妻子身上所体现的那种母性的温情。

（6）家长与家长型

属于典型的成人之间的相处模式。女性为了增加自己的魅力，有时爱撒娇、赌气，但多数时候都很理智，对自己和对方有着较深的理解。而男性则表现得很包容，对女性温柔体贴。在这种类型中，恋爱双方因为有着共同的目标和追求而走到一起，又因为共同的志趣和处世态度而结合，他们彼此都很重视在对方心目中的形象。像多数夫妻一样，他们偶尔也会发火、生气，甚至动手，但大多时候都会很快平复，不会影响双方的感情。

男女组合性格很重要

人的性格可以分为黏液质、多血质和胆汁质这 3 种类型。依此分法大致有 12 种夫妻类型的组合方式，对照以下组合，可以看看你和你的另一半属于哪种类型。当然，性格是复杂的，我们这里所说的气质类型都不是绝对的，它只能说明性格中的主导因素。

（1）黏液质的丈夫和胆汁质的妻子

老实又规矩的丈夫很容易被奔放的妻子牵着鼻子走，但是如果妻子做出了破坏丈夫颜面的事，这些事就很不容易在丈夫心中消除。

（2）黏液质的丈夫和多血质的妻子

外表上看来是做太太的这一方比较显眼，而事实上是由做丈夫的紧握着操纵的缰绳。

（3）黏液质的丈夫和抑郁质的妻子

妻子常向丈夫撒娇，丈夫是强者，所以对于妻子那些出人意料的行动会有充裕的心情去欣赏。丈夫很容易自陷于现实环境，而妻子就是他生命的兴奋剂。

（4）黏液质的丈夫和黏液质的妻子

夫妻两人都非常保守谨慎，是一对很适合的夫妻搭配。在与左邻右舍的相互往来中，妻子往往表现出更多的主动性，夫妻在感情上很少有纠纷。

（5）多血质的丈夫和胆汁质的妻子

稳重的丈夫和急躁的妻子。总之，男人有男人的气概，女人有女人的禀性。但如果做丈夫的对妻子压制得太过分，彼此之间的关系就会发生裂痕。

（6）多血质的丈夫和多血质的妻子

这是一对如出一辙的顽固而又过于刚直的夫妻，这种夫妻结婚后不久，就会为了压制对方而持续地战斗下去，不过不管如何，最后通常变成妻子为主导型的情况。

（7）多血质的丈夫和黏液质的妻子

猛然一见，这是一对男人掌权的夫妻型，但是事实上扶持丈夫站立起来的正是这位黏液质的妻子。多血质的丈夫，在不知不觉中为妻子而努力奋斗。

（8）多血质的丈夫和抑郁质的妻子

这是一对迟钝丈夫和敏感妻子的组合，最要紧的是彼此要能相互容纳对方，而不要相互挑剔。

（9）胆汁质的丈夫和胆汁质的妻子

这是一对无忧无虑的快乐夫妻，虽然有时候会因为没有事先计划而失败，所以，做妻子的一方似乎必须多费一点儿心思来节制某些行动才是，婚姻中的理性成分很重要。

（10）胆汁质的丈夫和抑郁质的妻子

这是一对充满着个性和创造性的夫妻，他们绝不会被世俗的那些常规和形式所限制，掌握主导权的是妻子，也有很多把兴趣用到工作上而获得成功的妻子。

（11）胆汁质的丈夫和黏液质的妻子

做妻子的很容易被擅讲道理的丈夫要得团团转，做丈夫的全然不去理会遵循世俗常规和稍有点虚荣心的妻子，所以有事没事，两人之间都很容易发生争执。

（12）胆汁质的丈夫和多血质的妻子

通常是妻子掌权的夫妻配对，很具有现实性的妻子并不受喜欢要嘴皮子的“胆汁质”丈夫之哄骗，妻子最好不要太欺压丈夫，免得让家里的男主人变得畏首畏尾。

你在婚姻中是哪种性格

不同性格的人在爱情与婚姻中的表现也不相同，双方性格的相同性、相容性、可磨合性及长短互补问题很重要。如果没有充分考虑这些因素，结婚后才发现接受不了对方的观念或行为，那就很有可能发生婚姻危机。这里列举了 7 种性格类型的人在婚姻中的表现，供大家参考。

（1）浪漫型

浪漫型的人认为，爱情永远都应该像童话一样浪漫多彩，要么轰轰烈烈，要么刻骨铭心，所以他们期望婚后的生活也应该和恋爱期间一样充满激情。而现实和理想毕竟是有差别的，当他们发现平淡的日常生活和婚前的恋爱并不一样时，便怀疑对方变心了。于是，生活中的摩擦就会导致言语和行为上的冲突。婚姻生活需要不断更新，他们常常因为过于浪漫而不能面对婚姻中的现实。

（2）完美主义者型

这种类型的人对自己或者伴侣的期望值过高，一旦发现对方存在这样或那样的缺点，就会抱怨不断，结果给对方造成巨大的心理压力，长此以往必然引起对方的反抗情绪。

（3）不成熟型

这类男女，在心理和行为上尚未真正成熟，仅仅是过早涉入爱河，甚至偷食禁果，对爱情的理解也不是很深。当婚姻、家庭出现问题时，只会一味地向自己的家长寻求支援和指示，却不懂得应该和伴侣一起沟通解决。如果双方父母互不相让甚至指手画脚，在外力干预的作用下，两人的婚姻很快就会不堪重负。

（4）过度宠溺型

有些人对伴侣事无大小都为其代劳，平时唯恐照顾不周，渐渐地，伴侣养成了被宠爱的习惯，一切成为理所当然。于是，偶尔的侍奉不周，便成为相互冲突、行为摩擦的导火索。

（5）过度挑剔型

他们对伴侣的任何行为、看法，哪怕是笑话，都要不断地进行尖锐的批评，反复揭短，最终使对方无地自容。

（6）过于孤僻型

此类型的人性格内向，不懂得与人沟通，固执、专断，在双方关系中看似弱势，实则婚姻的主动权掌握在他们手中，另一方只有配合、跟随才有望建立美满婚姻。如果另一方对于婚姻精神层面要求过多，则很容易导致婚姻的不幸。

（7）过度戏剧化型

此类人哪怕对一丁点儿小事都会做出强烈的反应，喜怒无常，无端地生出许多是非来，情绪化严重，自控能力差，致使一些不愉快的问题经常发生，而且难以轻易解决或者自圆其说，造成意想不到的后果。

现实婚姻中你是一个什么样的人呢？如果你是属于以上的任何一种类型，你在具体的婚姻中就要思量怎样适应对方，调节双方的关系。要知道婚姻生活是一件实实在在的事情，两个人只有脚踏实地地去努力，相互包容对方的缺点，共同努力，才能创造出婚姻生活的美满幸福。

男女各有“生理期”

女人们都有这样的体验，每个月几乎都有几天心神不宁、烦躁不堪，动辄就向身边的人发脾气，这就是女人的生理期反应，是由生理原因而导致的心理变化。每到这个时候，我们总是提醒男人，没事千万不要惹我们。碰到这种情况，细心的男人会主动关心女人，帮她洗衣服等，粗心的男人即使不屈尊做这些事情，也会尽量少惹生理期的女人。由此可见，女人的生理期是多么让人心生畏惧。

可是你知道吗？其实男人也有生理期。话一出口，女人们可就不明白了，男人怎么会有生理期呢？细心的女人会发现，男人有时候会莫名其妙，你不知道他为什么就会一个人闷闷不乐，躲在房间里喝闷酒。这时候，你绞尽脑汁想想自己有没有什么做得不对的地方惹他生气了，可是细细想过后发现完全没有。你好心过去安慰他，换来的却是他的不理不睬甚至呵斥。我招你惹你了，干吗这样对我？女人们内心充满了委屈。其实，这就是男人的生理期反应。

男人的生理期并不像女人这样明显、规律，也不是由于生理原因导致的。男人的生理期大部分是因为他碰上了难以解决的问题，从而产生的一系列反常的情绪反应。女人们碰到问题，一般是找爱人或者朋友，大家聊一聊，就知道解决的办法了，她们很少自己冥思苦想，因为在她们的概念里，多多听取别人的意见才是安全的。男人们绝不是这样。

男人在遇到棘手的问题时，通常习惯把一切憋在心里，向别人倾诉在他们这儿一般是行不通的。他总是大包大揽，把一切的难题扛在自己的肩上，相信自己能够独立解决问题。如果是实在想不出解决的办法，男人只有求助于人，这实际上是他最不想面对的。

一般情况下，他会把自己封闭在一个独立的空间里，在这里，没有任何人打扰他，他可以静下心来，反复斟酌与权衡事情的得失利弊，以求尽早找到最佳解决方案。这种独立的空间对男人特别重要，这里是他精神世界的隐蔽所，是他独自思考和疗伤的世外桃源。经过一番静心的思考，男人往往会在这封闭的空间里看到光明，找到出路。这时的他就会卸下沉重的面具，重新回到生活中来。

要是碰到很有难度的问题，男人经过很长时间的思考都难以解决，这种情况下他不会死钻牛角尖，他一般会自己找些其他事情来做，从而分散注意力。或许等过些时间，他就可能找到问题的解决办法了。所以，他会选择将问题暂时搁置，但这时的他并没有完全回复常态，他的重心实际上还放在问题上，只不过暂时转移注意力而已。比如，他会打一会儿网络游戏、出去爬爬山，以便让紧张的大脑放松下来。如果压力过大，他会选择更富挑战性的方式，比如大晚上开车出去兜风，或者找几个朋友出来打场激烈的篮球。

这就是男人生理期的表现，像女人一样，他们也不喜欢在这个时期受到别人的打扰。你的关心，你的嘘寒问暖，在他们看来都有可能影响他们对问题做出决断。所以这时候，女人们最好不要去打扰他，他其实没什么问题，只是需要充分地放松。

很多女人对男人生理期的反应感到迷惑不解。在她们看来，男人这个时候的状态完全不正常。寡言少语、反应迟钝、心不在焉，你和他说话，他也没有什么反应，这时候女人多疑的天性就开始显现出来了：他是不是不爱我了？他是不是看到我就烦？我到底做错了什么？其实，问题并不在女人身上。男人在遭遇压力的时候，会迅速躲进他的密闭空间，集中所有注意力，以求早日解决问题。这时候外界的其他问题，已经渐渐变得无关紧要了。因此，女人们不要指望男人会在这个时候全身心地与你交流。

不管男人是有心还是无心，男人这种自我封闭，实际上容易对女人造成冷落和忽视。但是男人有着自己的心理：他必须先处理好自己的事情，然后才能关注其他的事情，否则只能自顾不暇，手忙脚乱。一个贴心的女人应站在男人的角度，多加体谅和容忍，因为他主观上并没有想过要冷落你。你唯一能做的就是忍让和等待。

触犯生理期的男人跟触犯生理期的女人一样，无疑不会有好结果。如果你在这个时候向他抱怨，本来就心烦意乱的他会本能地予以排斥，甚至一走了之。也许你的本意是想让他摆脱不正常的状态，但是在他看来，你当着他的面倾诉这样或那样的问题，是忙中添乱，是不相信他。这时候的男人也是特别的多疑和不自信，他很容易把你的烦恼同自己联系起来，觉得你在怀疑他的能力，埋怨他不能给你带来幸福，所以才牢骚满腹。你越是抱怨，越是愤愤不平，男人就越是感受到谴责，而且妨碍他更快更好地解决问题。这种心态下的他，只能做出消极的反应，让你更加生气，而你的生气又会加剧他的怀疑。这是一个恶性循环。

因此，当男人被他的问题牢牢控制，被迫进入封闭空间时，你千万不要小题大做，认为对方故意难为自己。你一定要明白，这是男人的生理期反应，现在的他正在承受不小的压力，他需要独处，不被打扰。你能做的就是主动停止交流，站在原地，等待男人成功地解决问题。假如你这样做的话，男人会认为你通情达理，善解人意，因为你给了男人独立的空间，给了男人爱、认可和接受。等到他度过生理期，想起你对他的支持和宽容，他一定会对你更加关注，更加爱你。

用沟通解决双方之间的矛盾

因为婚姻是来自两个不同家庭，有着不同人生观、价值观的男女走到一起，客观存在的差异难免会使他们在共同的生活中产生一些摩擦，如果不能及时进行深入的沟通，那么小摩擦就会变成大矛盾。

首先，为了避免蓄积恶性能量，夫妻双方一定要及时巧妙而策略地进行交流沟通。我们经常在一些外国影视片中听到夫妻某一方说："我想找你谈谈！"于是，双方会找一个机会把心中的不快全倒出来。而不少中国夫妻却把意见、不快压抑在心里，不挑明，还美其名曰"脾气好，有修养"。其实，相互闭锁只能导致误会加深，长期压抑而蓄积的恶性能量一旦爆发，破坏性更大。

不同内容的交流沟通，对时机的选择有不同的要求，比如交流沟通不愉快的话题，或想提出意见，在时机的把握上，就要动一下脑筋。千万不要在丈夫或妻子心情不好时提出来，特别是当男人辛苦工作一天之后回到家里，最想得到的是轻松愉快的心境，此时的女人最好不要提起不愉快的事情。男人喜欢事情过去就不再提起，你最好不要动不动重提令人烦恼的旧话，即使有老账也不要这个时间算，因为据婚恋专家讲，此时是容易爆发"战争"的敏感时间。此时你若能制造出一种愉快的气氛，让两人一起回忆幸福的往事，你们将会度过一个美好的夜晚。

如果你对他有意见，想跟他吵架，千万不要当着同事、朋友的面，或当着孩子、他父母的面，这样做的结果只能是两败俱伤。男人多数都很重视自己的尊严和面子，所以你不要在大众面前伤了他的自尊，应注意自己的行为对他造成的感受。还是多注意一下自己在外人和他的同事面前的言行为好，尤其不要大事小事都想找他的父母、同事、朋友或领导反映。

即使掌握了以上的原则，夫妻之间仍然会有摩擦，也会有冷战。这时，夫妻之间一定要有一方站出来，寻找合适的时机进行沟通。但是，现实中却很难有一方首先来寻求交流的，这是因为，一是夫妻间的冷战给双方造成了心理压力，另一点是冷战后双方都渴望与对方沟通，只是碍于面子谁也不愿主动打破僵局，仿佛谁主动谁就是“冷战”的肇事者。其实对于夫妻来说原本不该有这么多的顾虑，想想当初恋爱时的“一日不见如隔三秋”和相互关爱，没什么是沟通不了的。有了摩擦都较着劲不理对方，久而久之，真的可能会使对方习惯了没有你的日子，以至于分道扬镳也不是不可能的。

只要夫妻双方还想维持婚姻关系，并且希望婚姻生活幸福美满，就必须有一方要首先开始交流沟通，丈夫作为男人，尤其要积极主动。有一对关系还不错的夫妻某天闹了别扭，接下来谁也不理谁。过了几天后，妻子回家推门看到以前井井有条的家像遭了贼一样，东西乱七八糟摆了一地。卧室的门敞开着，丈夫跪在地上不断地从柜子里向外扔东西，他越扔越急的样子好像是在找一件很重要的东西。妻子忍不住问丈夫：“你在找什么？”丈夫猛然回头回答道：“我在找你的这句话。”小小的插曲使妻子明白丈夫的良苦用心，夫妻终于讲和了。其次，因为男人天生不太喜欢用言语表达思想和情感，所以应当着重加强这方面的训练。

做丈夫的切莫仅仅认为沟通不过是说说话而已，其实里面大有学问，在与妻子谈话时，最好不要忘记以下几点：

（1）常常回忆恋爱时两人在一起谈话的情形，在婚后仍然需要表现出同样程度的爱意，尤其要将你的感受表达出来。

（2）女人特别需要跟她认为深深关怀呵护她的人谈话，以表达她对事物的关切与兴趣。

（3）每周至少有 15 个小时与另一半单独相处，试着将这段时间安排得有规律，成为一种生活习惯。

（4）多数女人当初是因为男人能挪出时间与她交换心里的想法与情感，才爱上他的。如果能保有这样的态度与心意，继续满足她的需求，她的爱就不会褪色。

（5）如果你认为抽不出时间单独谈话，多半是因为你们在安排事情的轻重缓急上有问题，同时在设定的谈话时间里，最好不讨论家庭的经济问题。

（6）不可以利用交谈作为处罚对方的方式（冷嘲热讽、称名道姓、恶语相向等），谈话应该具有建设性而不是破坏性。

（7）不要用言语来强迫对方接受你的思考方式，当对方与你想法不同的时候，要尊重对方的感受与意见。

（8）不要将过去的伤痛提出来刺激对方，同时要避免僵持在目前的错误里。

（9）配合对方有兴趣的话题，也培养自己在这方面的兴趣。

（10）谈话之间也要有平衡的，避免打断对方的谈话，试着把同样的时间留给对方来发言。

婚姻中的沟通应该是双向的，不要总是有了嘴巴没有耳朵，只有彼此尊重，互相倾听的沟通才是有效的沟通。

第六章

男人的面子大如天

——给他面子就是给他尊重

男人爱女人，但更爱自己的面子。他们希望女人把自己当成国王一般供奉，在外人面前给足他面子，这样他才觉得自己在朋友面前抬得起头，才能对女人更加喜爱。知道了这一点，女人们就可以投其所好，不妨平时多多夸奖他，有什么事多征求他的意见，在外人面前尽量做一个温顺的小女人。只有男人有面子，你们的生活才会幸福。

既围着他转，也保留自我

自大、霸道、死要面子，这恐怕是女人对男人的一致印象。归结到一点，男人都把自己看做是宇宙的核心，周围的一切都得围着他们转，他们讨厌那些违背他们意愿的事情。他们是这样想的，同时也因为他们身边的女人也是这样看的。

女人可以爱男人，但不能在这份爱中丢掉了自我，如果女人当真把他们当做是宇宙的核心，任何时候都只为男人一个人着想，那时间久了男人便会觉得索然无味了。一个女人一旦失去神秘感，男人就对她没了兴趣。要知道男人是天生的猎人，他喜欢一个女人常常是由于她的神秘，是为了探索出女人的神秘并征服她以证明自己的厉害。只有这样他才有面子，才能满足自己内心的英雄情结。

所以，想要抓住男人的心，就要时刻保持自己的神秘感，要保留自己的一定想法，不要把男人当做宇宙的中心。对自己的男人坦诚是必要的，但这不意味着你要把自己的所有动向和想法通通告诉他。你越是有自己的一套活法，他就会越发对你着迷。

每个人都有自己的生活，他有他的工作，你有你的交际；他有他的爱好，你有你的兴趣；他有朋友，你一样有你的姐妹，你不会总是围着他转，让他陪你逛街购物，他同样不能对你的一切行踪都刨根问底。所谓距离产生美，越是对他若即若离，他便越是离不开你。

《大清后宫》中那个风流的皇帝身边从来不缺各色漂亮女子，对其中的每一位他都不过是贪一时新鲜，得到手便不再珍惜。即使像兰轩那种可爱漂亮的女子，他欣赏一阵子也就忘了。可他却对突然出现又突然消失的春儿朝思暮想，一直对她念念不忘。这其中的缘由是为什么呢？不是因为春儿比兰轩更可爱、更漂亮，而是她比兰轩更具有神秘感。兰轩把他当成宇宙的核心，一切顺着他的意思，只要他想怎么着就怎么着。可春儿却完全不一样，每次当他想要一探究竟的时候，春儿就悄悄消失了，留给他一大串的秘密。要知道，对于男人而言，得不到的才是最好的。男人最爱的就是这种追逐的过程，你越是把他当回事，他便越是对你不理不睬，越是对他不闻不问，他便越是眼巴巴地求着你，把你当成女王。

思思是一个长相漂亮、性格温顺的女孩子，是众多男孩子心中最满意的对象。思思的追求者众多，而她最终挑选了自己十分喜欢的陈明。要说陈明也是一个很优秀的男生，身边也不乏美女追求，帅哥美女最终走在一起，让人觉得是天作之合。

思思能找到一个自己喜欢的男朋友，心中很是满足，把陈明当作自己生活中的唯一。自从和陈明在一起后，思思的生活就完全变了，连姐妹们也很少联系。因为陈明家条件不错，思思也懒得出去工作，整天就围着陈明转，为其洗衣烧饭，真像是全职太太，而且什么小事都会告诉陈明，什么这棵树又长高了，那株花又枯死了。一开始，两个人的感情如胶似漆，可是慢慢地，思思发现陈明越来越不把自己当回事，总嫌自己烦，回到家对她不理不睬，完全没有了最初的甜蜜。最可怕的是，思思发现陈明竟然在外面有了别的女人。

直到这个时候，思思才想到找自己的好姐妹求助，大家纷纷提出自己的意见，而最终大家达成一致意见：离开陈明。既然他不在乎思思，那在一起也没什么意思。还是姐妹仗义，不仅帮思思解决了衣食住行，大家还帮着她找了一份工作。

思思开始有了自己的新生活，她开始忙于自己的工作，和自己的同事和朋友交际，只有陈明问到的时候，思思才随口应一句。思思想陈明早晚会跟自己提出分手的，结果她却发现，陈明变得越来越关注自己，最终向自己低头，要求和好。

这个结局确实很出人意料，可是再想想又在情理之中。之前思思总围着他转，他便觉得自己就是天王老子，是思思唯一的依靠。可事实上，思思离开了他生活得更好了，而思思的不理不睬让他很没有面子，觉得伤了自己的自尊心，所以他才主动和思思和好。

女人们也许心里不平衡了，为什么男人这么反常？女人又何尝不是呢？当一个男人对自己死心塌地穷追不舍的时候，自己总觉得很烦，恨不能想尽办法摆脱他，可真要有一天他消失了，或者去追别人了，自己的心中又不是滋味了，非要想方设法把他再夺回来。事实上，女人未必喜欢他，也未必会接受他，可就是感觉心里不爽，不希望自己是被放弃的一个。说到底，这就是面子，女人尚且如此，作为面子动物的男人便更是如此。

所以，想要男人不把自己当成可有可无的人，女人就不能把他当成是宇宙的核心，不能事事围着他转，因为他一旦觉得你离不开他了，他便什么都不放在眼里了。给他三分面子就好，还有七分需要他自己去争取，这七分便是女人的幸福。女人应该有自己的生活，有自己的工作，自己的爱好，就是哪天男人真的靠不住了还可以养活自己。而且女人一定要有自己的交际圈，有自己的朋友，只有有自己的朋友了，你才不会事事都找他，而朋友也可以做你的坚强后盾，如果有一天男人欺负你，还有朋友可以帮忙。除此之外，女人还要有点儿知识、有点儿兴趣，女人的美貌不能持久，女人的智慧才是最珍贵的东西。

男人是面子动物，这面子无论多少你都要给他点儿。若是一分不给，就会伤害到男人的自尊，自己也没有幸福可言。另一方面，女人是要有自己的事业、朋友、爱好，但还要注意不能太能干，不能让男人觉得自己无用武之地。也就是说，在围着自己爱的男人转的同时，女人还要有属于自己的一片天空。

女人要获得一份幸福确实不容易，既要给男人面子，在外面对他言听计从，又不能真的把他当成宇宙的核心，这需要女人好好把握其中的分寸。

男人也爱听甜言蜜语

说起历史上的亡国之君，很多人都会说美貌的女子是“红颜祸水”。

女人用美色迷惑君王，用甜言蜜语让君王丧失理智，于是女人们想提什么要求，君王们全都应允，历史上就有商纣王听命于苏妲己的奉承，答应她挖了比干的心，制造了酒池肉林，等等。其实，女人哪里担得起亡国的罪责啊，还不都是那些君王自己疏于朝政。不过有一点必须得承认，那就是女人的“口吐莲花”的确更容易获得男人的心。

我们都知道女人是天生的听觉动物，总是爱听别人的赞美之词的。其实男人同样喜欢赞美之词。楚王喜欢赞美之词，所以听不进屈原的逆耳忠言；大汉天子喜欢赞美之词，所以误信了李广利的美言，害自己损兵折将，还将不说好话的主父偃打入死牢。人人喜欢听好话，即使明知道是奉承话，心里照样觉得开心。

男人很自大，总希望得到别人的认同，特别是当女人赞美自己长处的时候。人都喜欢别人赞美自己，尤其是男人这种要极了面子的动物，这些奉承的话听到他们的耳中，那叫一个舒服，自己的脸面何其的光彩。满足了男人的心理，就几乎征服了这个男人，他只要有了面子，其他什么都不重要了，所以，只要奉承得好，那只要你开口，便是天上的月亮他也帮你摘得到。

作为女人，最大的幸福就莫过于自己想要什么，自己的男人就能给自己什么。可如果女人只是这么直白白地向男人要东西，那多半都会被回绝，因为这会让他觉得你只把他当成了一个“金库”，随意地拿取东西，而没有给他真正的爱。

既然赤裸裸的方式不行，就要换个方法，先成全他的面子，然后让他心甘情愿地给自己想要的东西。想要男人听你的话也不是件容易事，可是奉承却是一个好办法，因为在感情的王国里，男人绝对是个昏君，只要你肯奉承，他什么都答应。女人的甜言蜜语，就是男人的毒药。

前几日，赵红就抽我炫耀了一番老公刚送给她的连衣裙。说实话，当我看见赵红的连衣裙时我确实吃惊不小，她老公可是前不久刚刚送了一个戒指给她，怎么没过多久就又送新衣服给她呢？赵红看我好奇就神秘兮兮地说，这可是有秘诀的。听她这么一说我就更是好奇了，是什么秘诀竟能让她老公这么出手阔绰？赵红打了半天哑谜才松口，原来这些东西竟是“哄”来的。

其实，当初赵红买戒指时就已经相中了那件连衣裙，可是因为不能一下子买两件东西，而且价格不菲，赵红就决定，先买一件，另一件看老公哪天心情好再和他“商量”。说来也巧，买了戒指两星期后，老公接了一单大生意，不仅发了很多奖金，老板还给他加薪升职了。赵红一看，这机会来了。

当天赵红就下厨做了一桌好菜，又是说老公能干，又是说自己选对了人，还说老公现在越来越年轻了，看上去更精神了。这些简直就是赤裸裸的奉承话，可她老公听了高兴得都不知道天南地北了。就在这时候，赵红突然很委屈地说：“你都升职了，那我呢，我是不是也应该升值啊？”老公正沉浸在老婆的恭维中，随口一句：“升，升！”就这么着，赵红一心惦记着的连衣裙就到手了。

说实话，女人们还不得不佩服赵红真的是很懂男人的，一番甜言蜜语把老公捧上了天，他的面子一足，就什么要求都答应了。可是我同样也佩服赵红会拿捏时间，看准时机。赵红是选在老公本来就高兴的时候奉承的，这个时机可是千载难逢的，比单纯的奉承可是强上不少倍。而赵红又是在老公升职的时候奉承他，奉承得理所当然、天衣无缝，丝毫看不出故意的成分，尽管她明明就是故意的。而她不仅仅是用甜言蜜语奉承，她还准备了一桌好菜，又在行动上奉承了老公一番，老公自是很受用，这面子给的可是十足。满足了男人的面子，接下来你的要求老公又怎会拒绝？

当然，甜言蜜语的作用可能有限，你不妨在行动上讨男人欢心。一桌好菜，一次捶背按摩都是不错的奉承办法。把男人伺候舒服了，男人当然就会满足你的要求了。所以，女人们，发挥自己的口才吧，也给你的他来一番甜言蜜语。

男人喜欢被依靠的感觉

曾经有这样一个真实的故事。一个年轻人不幸身患绝症，随时都有离开人世的可能，可是他没有像电视剧里演的那样赶走自己相恋多年马上要结婚的女友，让她去寻找自己新的幸福。他的女友也不像人们期望的那样时时陪在男友身边伤心欲绝。令所有人都感到惊讶的是，女友竟对身患绝症的男友经常提出这样或那样的小要求，而男友竟也没有丝毫的埋怨。

很多人不理解这一对“古怪”的恋人，大家都指责这个女人太狠心，说这个男人看错了人。最后，男人悄无声息地走了，而女人也在众人的谩骂中默默离开了。

很多年后，这个女人才吐露了实情：她和男友非常相爱，男人很疼她，什么事都不要自己做，所有的一切都由男人承担。男人突然病倒后，她本来是想好好照顾男人的。可是她知道，男人太爱她了，她如果伤心欲绝只会让男人觉得他对不起自己。在这种心理的折磨下，男人的病情肯定会加速恶化。而自己如果总是不断地向男人提出要求，男人就会觉得自己很需要他，觉得他还有责任，也会有更大的动力活下去。女人的一席话让所有曾经误会过她的人都了解了事情的真相。

这个凄美的故事，让我们明白了一个道理：向男人主动提出自己的要求，他不仅不会不高兴，相反还会很开心。因为你让他觉得自己很重要，觉得女人不能离开他。男人本来就有英雄情结，女人的依靠让他觉得自己就是个英雄，在这个世界上是有用处的。

对自己喜欢的女人，男人从来都是不吝啬付出的，只要你提出来，他就会费尽心机去帮你实现。男人的这种爱必须有一个前提，那就是他能从中获得满足感，获得被需要的成就感。大家都知道，即便是再痴情的男人，无论多喜欢一个女孩，如果他一直对其穷追不舍，用尽所有的招数，可如果这个女生还是一直对其不理不睬的话，那迟早有一天他也会放弃，因为男人的耐力也是有限的。而相反，如果对方对男人的作为有所反应，哪怕只是一个浅浅的微笑，男人都会很雀跃，也更加愿意去继续付出，而对方如果再主动跟他要求点儿什么，他就觉得自己更加有追求的动力了。对于男人来说，接受他的付出就是对他的肯定，男人喜欢被依靠的感觉。

男人喜欢小鸟依人的女人，那是因为他们喜欢被依靠的感觉。女人的柔弱，正好有机会让男人多多表现，这种感觉让男人觉得自己是被重视的，是有用的。对于男人的好意，女人不但要高兴地接受，而且要表达出自己的感动，这既是成全他的面子，也让他觉得自己有用、强大。为了满足男人的这种心理，女人不妨主动地向其提出自己的要求，只要是他能办到的，他自然会义不容辞地去办。等到办成了，你上前把他好好夸奖一番，那他可是很有满足感的。

在这个世界上，男人总把自己当成强者，把女人当成弱者，这是男人千古不变的心理。因此，在男人面前，女人要学会依靠他、需要他，让他满足在你面前的面子需要，而要让他知道你依靠他、需要他，就自然少不了接受他的付出，甚至会适时恰当地提出自己的要求。这样，既能够满足男人的心理需要，又让自己获得了幸福，何乐而不为？

给男人面子就是给自己面子

现今的社会，女人早已不再依附于男人而生存，这已经让有些男人心理失衡。女人不只是过去那种唯唯诺诺的女人，女人可以自己闯一片天。面子问题，也就应运而生了。如果再不给男人面子，家庭生活必定会是矛盾重重。倒不是说男人的心态不好，几千年形成的社会观念不是一朝一夕就能改变的。在任何时候，给男人面子，不是让女人委曲求全，而是要给男人体面的自尊。这样既有助于家庭和睦，同时还会使你得到男人更多的关心和体贴。

男人在外打拼，劳累、委屈他都可以不在乎，但他不能失去男人的尊严。确实，只要不违背原则，女人可以暂时委屈一下，给男人一点儿面子又何妨呢？常言说：量大福大。大度的女人也更令男人加倍地尊重。

对于一个家庭来说，首先要有“欢乐气氛”。如果丈夫的潜力没有发挥出来，女人就应该给他创造一个发挥潜力的环境。作为妻子，指责或是挑剔都是不应该的，因为面子对于男人来说可能是在社会上立足较为重要的东西。

面子，在某些时候对于女人来说并不难，只要不损害原则问题，给男人面子，在某种程度上，女人自己也会得到男人的好感和尊重。一个得理不饶人，或是自恃高傲、咄咄逼人、目中无人的女人，一点儿面子不留给男人，相信很多的男人都会对其避而远之。

特别是在一些人多的场合，明明知道男人说错了，如果你是个女人，就千万不要当面指出。正确的做法是私下跟他讲，同时更正的语气也不应像平日里那样直接，应该比较委婉，既让他明白自己哪里错了，也让自己没有心理负担。不然的话，男人会有明知是错而不纠正的心理。

其实，一个女人给男人面子，可以激发他们更多的优势，使他们对自己更有信心，从而做得更好。有句话说得好：男人的一半是女人。因此，女人要给足男人面子，以促动他们积极向上，有错就改，无错加勉。

被欣赏和崇拜是男人内心最需要的

男人向来喜欢争强好胜，用成功者的身份显示自己的能力。喜欢被崇拜的感觉，说到底就是要别人成全自己的面子，它的形成也源于自古就有的男人的自大。他们总觉得自己是个大人物，渴望被承认，渴望所有人给自己面子，而女人对他的至高推崇和膜拜就是最好的礼物。

现代社会提倡“男女平等”，因此男人的霸道本性是改了一点儿，可所谓“江山易改本性难移”，事实上男人骨子里的自大还是存在的。在内心，他们还是把女人当做弱势群体，他们依旧希望被自己心爱的女人崇拜。

李菲的老公是个文弱书生，大学毕业之前经常因为性格太温顺被别的男生嘲笑。李菲就是他毕业相亲时认识的，与他相反，李菲却是个很活泼开朗的女孩子。李菲的学历不高，她一直就很羡慕有学问的大学生，如今自己找到了一个大学生男朋友，李菲自是很开心，当下就同意和他交往。两人的交往很顺利，一年后就结婚了。

因为老公的性格太过温顺，甚至有点儿柔弱，所以老公的工作一直就不是很顺利，可是李菲却没有因此就嫌弃自己的老公。每当老公心灰意冷的时候，李菲就会宽慰老公，告诉他人人都有自己的优势，他是大学生，懂那么多东西，连那么难学的知识都学得会，如今的问题只是暂时的。一说到这儿，李菲就对老公充满了羡慕，总是一个劲儿地问：“老公你怎么这么聪明啊，竟能学会那么难懂的学问，我真的好佩服你啊。”

不管工作上有什么不顺心的事情，一遇上活泼的老婆，老公的心情就很不错。不是因为老婆话多，而是因为老婆的每句话让他都很受用，让他感觉自己在老婆眼里是个很有用的人，那些在外受的委屈也一下子消失了。也正是因为李菲的不断鼓励，老公暗暗发誓一定要做出点儿成绩给老婆看看，不能让老婆失望。渐渐地，他改变了自己懦弱的性格，努力工作。几年之后，他果真得到了晋升。这一切很大程度上要归功于不断鼓励自己的老婆，因此他对李菲也是十分体贴入微。众人都羡慕李菲的好福气，可谁又知道这一切都是李菲自己用心经营得来的。男人爱面子就如女人爱漂亮，被崇拜对于男人的重要性就好似赞美对于女人的重要性。女人听到别人说自己漂亮，便立马会和对方成为朋友。男人也是同样的，有人用崇拜的眼神或者话语对他的时候，他会感觉自己遇上了知己，一定要做出一番成就来回馈对方。

我们常常在电视上看见这样的画面，一个原本没有什么本事的男人，在临阵杀敌之前如果被自己喜欢的女人夸奖一番，他就会突然变得像勇猛的狮子，什么困难都不害怕了。这说明什么？说明被崇拜的力量是不可小觑的，它可以激发一个人潜在的能力，为了不让崇拜者失望而拼命！

如果你爱上了一个男人，不妨主动靠近他，说说你对他的欣赏，说说你对他的崇拜，让他有十足的面子。即使男人不喜欢你，他也不会太过强硬地拒绝自己，这样就会给女人多一些成功的希望。很多时候，男人没有去选择自己最喜欢的女人，而选择了那个最崇拜自己的女人，因为男人比收服一个女人的心更爱面子。如果你喜欢一个男人，而他同样喜欢另一个女孩，那么崇拜男人、赞赏男人，将是你最有力的武器。如果你恰好也是他所喜欢的那个女人，那恭喜你了，你已经占了绝对的优势。男人希望被别人认同，更希望被自己心爱的女人崇拜。

崇拜是俘虏男人的办法，也是守住幸福的办法。男人承担着一家之重，每天辛苦地工作都是为了这个家，当他受到老板的摧残，也会有坚持不住的时候。这时候女人适时地崇拜他一下，告诉他其实他非常优秀，这样不但给了他鼓励，也让他在你这儿找到了在外丢失的面子，这样他才会更加努力地去奋斗。如果他成功了，你一样要崇拜他，让他尝够“帝王”的感觉。看到心爱的男人开心，你心里肯定也会甜蜜无比的。

崇拜是一种力量，可以激起男人最大的潜力去做得更好，作为他的女人，你是属于他的，如果你不崇拜他，留给谁来崇拜呢？等别人崇拜了，只怕你就后悔莫及了。

从“大女人”转换为“小女人”

“大女人”意指精明能干的女强人，她们在工作上出类拔萃，驰骋商场，呼风唤雨，即使感情受到挫折，也以最自信的姿态出现在众人的面前。小女人每天正点上下班，接孩子，给老公做饭，休息时间操持家务。

随着社会发展，社会上出现了越来越多的“大女人”。她们与男人一样在事业上打拼，独立、精明、大气而且能干，无论手段还是气势丝毫不输给男人。她们不仅身居高职，薪水不菲，而且颇受领导赏识。我们习惯称这些女人为女强人。她们完全打破了男主外女主内的传统观念，仿佛要与男人争那另半边天。尽管在事业上许多男人不得不佩服她们的能力，但是很少有男人愿意找一个这样的女人做伴侣。通常男人无法忍受一个比自己强的女人，那会让他们感觉不到自己被需要。

我们建议现代的女性有自己的事业，有自己的社交圈子，有自己的天空，但是应学会在不同角色之间进行转换。这是对男人的尊重，也是作为妻子应该尽到的责任。

当你下班回到家里的时候，何必还摆出一副高姿态让自己那么累呢？依偎在你丈夫的身边，做个小女人又有谁会笑话你呢？也让你的丈夫感受一下可以被依靠，可以保护你的大男人的心理，不是很好吗？

其实做个小女人是很幸福的事情，你可以有很多幻想；可以活得轻松浪漫；可以给自己的偷懒找出N多个理由；可以聪明地装糊涂；也可以体贴入微地照顾别人，感受一下关爱别人的快乐；还可以撒娇地让别人来照顾你。这个时候你是妻子，是你丈夫的宝贝，不是严厉的经理，也不是在面对你的下属。

小女人对待朋友真诚而傻气，和从前的同事、朋友从不断了联系。没事就来个聚会，和大家倾诉自己的心事，讨论未来和怀念以前的种种，小女人的真诚经常让朋友感动。

小女人会对被开除的同事说："如果不被开除，你还是个默默无闻的职员，还在耽误前程呢！如今做了'部门经理'，你的才能发挥得淋漓尽致，有空请主任吃顿饭吧？他不开除你，你哪儿有今天。你可要记住报恩啊。"同事听得心花怒放，非常豪爽地说："只要你将我当成好朋友，你什么时候有空？我请你吃饭。”小女人大方地回答：“你什么时候心情好就什么时候请我吧？”小女人的一番话暖透了朋友的心。

小女人处世的哲学并没什么值得借鉴之处，她只是常站在别人的角度为别人着想，多考虑别人的难处，即使有时吃亏也不介意。在她的眼中，名利地位并不比朋友和爱人来得重要。

其实，许多“大女人”也并不是真的就想做个“大女人”，每个女人的骨子里都有“小女人”的情怀，只是她们的生活环境和生存方式以及现在的地位不允许她有丝毫的松懈，只能上紧发条不停地做事。

要知道，这个世界是由男人和女人组成的，上帝已经分配好了让他们各司其职。那些体力劳动和辛苦的工作就交给男人去做吧！女人看守好你自己的这片后方净土，同时做一些你喜欢做的事情。如果因为生活的原因你不得不与男人一样辛苦，请自我调节，让自己不要那么强悍，也许你成功的机会会更大。如果你已经成功了，维护好你的爱情和家庭，别让自己太累，别让你的丈夫感觉到家里缺少了应有的“女人味”或者“母爱”，不要把家当成你的办公室，这样你才能获取事业、爱情双丰收！

第七章

好男人不是天生的

——婚姻中的男人需要调教

有的女人其貌不扬，却偏偏有一个称心的好老公，家庭生活过得是有滋有味；有的女人娇艳如花，但是却感叹嫁了一个不合格的老公，家庭生活搞得如一团乱麻。其实，这个世界上本来就没有天生的好男人，好男人都是女人调教出来的。智慧，才是女人最有用的法宝。只有智慧女人才能让男人臣服。

男人臣服于智慧女人脚下

智慧女人的美丽是由内而外的，用“秀外慧中”这个成语来形容她们恰如其分。真正的智慧与市井中、弄堂间的小聪明、小伎俩有质的区别。智慧是与人的生活经历相关的，而且体现在人生的各个方面。大至人生命运，小至日常生活，使你面对问题时懂得分寸，能够作出明智的抉择。智慧并不是单纯指智商，除了先天因素之外，学识、阅历以及个人经验等都会增长一个人的智慧。智慧对人的作用是从内到外的，它是从内心雕琢一个人，塑造一个人。智慧使女人能真正把握好自己，并获得从容自信，最后你的周身散透出超然的洞明的气质，这使你从人群中脱颖而出，散发清新脱俗的美丽。

智慧的女人懂得最需要爱的人就是自己。我们的肌肤，我们的容颜从母体中脱胎于人世间，爱惜自己就是对母亲的最大回报，也是珍惜我们在这世上每一天的生活。爱自己其实就是一种能力，而智慧是最富有生命力的美。善待自己与善待他人一样重要，自爱的人才可能真正去爱别人。连自己都不爱的人怎么可能去爱别人？

好女人是本韵味深长的书，婚前让男人读得心跳，婚后让男人读得心动。闲暇的时候翻阅一下，她给你一种轻松与自在；遭遇挫折的时候去品读，她又会给你一种力量和坚强。伤心时读她，她是快乐的加工厂；幸福时读她，她是开心的好帮手。而智慧的女人就能够让男人体会到所有的乐趣，她们是男人一生中百读不厌的好书。只有付出真心，拿出真情的男人读她，才能享受到一种温馨快意。好女人就该是这样一本书，能够让男人骄傲的书，只有智慧才能让一个女人变成一本书。

张青一个月前刚刚失恋，她没有想到自己的初恋竟然就这样轻易地被别人抢走了，而原因竟然是自己没有那个抢走自己男友的女人漂亮。这让张青心中很是不甘，可又无可奈何，自己不漂亮毕竟是事实。直到 27 岁她才找到男朋友，好不容易有了一个以为能够结婚的还给跑了，张青暗暗下决心，以后就不嫁了！

从此以后，张青一门心思地扑到了工作上，再也不去想男人的事。可没想到，就在张青心灰意冷的时候，一个男人却突然闯进了张青的生活。这个男人就是张青公司的总经理。

可能是上一段恋情给她的影响太大了，无论总经理怎么追求她，张青就是不肯答应，她觉得这个男人根本就不可能喜欢自己。张青有自己的考虑，公司里美女如云，自己如此不起眼，他还那么优秀，怎么可能看上自己，如果说能看上她，那多半有其他的目的。

尽管张青并不理睬总经理的追求，他却坚持不放弃。在平常的接触中，张青慢慢发现男人只有对她才露出笑容，而对那些美女们常常是冷眼相对，毫无兴致。尽管张青很想答应这个男人，可是她却不想再受一次伤，所以张青一直在犹豫。

总经理鼓足了勇气，问张青究竟在担心些什么。张青只好打开了自己的心扉，告诉了他自己的想法。总经理当即就笑了，他告诉张青，他对女人有不一样的审美，自己喜欢的不是张青的外表，而是张青内在的品质，在他眼中，张青是一个大度、宽容的女人，而且处理事情的能力也很强。

这话说得没错，张青是不漂亮，却很会做人，她在人际关系上从来都处理得恰到好处，让所有人都羡慕不已。这正是她的智慧，也正是男人喜欢她的原因。

所谓苦尽甘来，在张青身上得到了最好的诠释。走掉的那个男人只看外表，所以失去他反而是张青的幸运。而张青再遇上的却是一个比初恋好千百倍的男人，得到的是自己真正的幸福。

好男人不会光看外表就决定喜不喜欢一个女人，那种只爱美貌的男人是肤浅的。漂亮，在一定程度上是女人的资本，但如果只用漂亮决定自己的幸福那显然是不可靠的，因为这天下漂亮的女人从来都是层出不穷，而智慧却是最让男人驻足的。

想要真正抓住一个男人的心，把他的心留住，靠的不仅仅是美貌，因为美貌是会随着时间褪色的，而智慧却会随时间而递增。中国主持界的女人那么多，杨澜征服了更多人的心，因为她有的不仅仅是漂亮，更多的是智慧。比她漂亮的大有人在，却没有谁比她更有魅力。由此可见，智慧的女人更能获得真正的幸福。

外在的美丽是天生的，女人们无法自己掌控，但是智慧却可以通过修炼而得到。女人不妨多看些书，多学点儿知识，多点儿对世界的了解，多点儿艺术品位，这些都有助于增加女人的智慧，会让男人在交往中越来越发现你的优点，越来越发现你的与众不同和深度。男人想要找结婚对象，看得最重的就是女人的性格，女人的智慧，而非外貌。在爱情中，那些没有智慧的美女不能获得长久的幸福，只有智慧的女人才能笑到最后。

别让自己扮演保姆的角色

男人们对自己妻子的要求标准大致相同，那就是一定要知书达理、温柔贤惠、言听计从，能够时刻维护男人的面子，帮助经营好幸福的家庭。能做到这些的女人才是男人的至爱。于是，女人们常常为了获得男人的心而投其所好，努力使自己变成男人心目中所希望的那样。但事实并不会像女人想象的那样发展。

如果女人当真做一个任劳任怨的好女人，男人可不见得就一定会把女人捧在手心当宝。相反，他只会安心享受你的伺候，完全把你当成是他的保姆，你的低眉顺眼会让他觉得自己就是宇宙的核心，从而对你颐指气使甚至横加指责。若真是那样，女人非但得不到自己想要的幸福，反倒把自己推向了“地狱”。男人有时候是没有良心的，他不会因为体贴周到就感恩戴德，觉得是自己前世修来的福气，他只会认为是理所当然，你越是把他当回事，他便越不把你当回事，以为你离了他就活不了了。

这样的生活不是女人们想要的。如果女人不想变成男人的奴隶任由他差遣，那就一定不能安心做他的保姆，要让他知道他不是你的全部，有的事需要他自己做，而你并不是他可以随意支配的保姆。

温小柔是个天性温柔的女孩子，对人关心、体贴，是众男生的梦中情人。在温小柔看来，女孩子就应该这么百依百顺，体贴入微，这才是做女人的本分。所以，结婚后，温小柔就一门心思地把心放在了照顾老公身上。老公下班回到家，温小柔就立马迎上去又是拿包又是拿拖鞋的，老公一坐下她就给老公揉揉肩捶捶背，一会儿忙着倒茶，一会儿忙着放洗澡水，又是装饭又是盛汤的，完全把老公当成了国王，家务活儿更是碰都不让老公碰一下。温小柔觉得，就是自己再累，即使生病了也要把老公照顾好，她想这样才能让老公对自己一心一意。

一开始老公很感激温小柔的这些体贴，可是慢慢地习惯之后，他便觉得这是应该的，甚至干脆对温小柔指手画脚，完全就像指使下人一般，一会儿茶凉了再续一下，一会儿想吃香蕉让温小柔剥皮。以前温小柔病了老公还知道提醒她看医生，现在可好，对她完全不管不问，这让温小柔心里非常难受。原以为自己的体贴会让老公更加疼爱自己的，可是温小柔却突然发现老公有了外遇。当温小柔质问老公的时候，老公竟然丝毫不觉得自己做错了事，还说什么温小柔不像个老婆，倒像是个老妈子，让自己没有感觉到夫妻间的情意。温小柔做梦也没有想到，自己这么劳心劳力地对待老公，老公竟还在外面找了情人，还说自己是老妈子。

在家人的劝说下，温小柔和老公终于离婚了，老公也很快和他的情人结了婚。温小柔原本以为老公早晚会吃到苦头再回头找自己的，因为他觉得那个女人一定不会像自己对他那么好，可是温小柔苦苦等候得来的消息却是他们生活得很幸福。这让温小柔怎么也想不通。

那个女人其实把握了做妻子的度，她并不似温小柔这般体贴过头，她不会把老公当做天。她会照顾老公，可也有自己的脾气，不高兴的时候不会听老公差遣，会和老公闹脾气，会和老公撒娇。就是因为那个女人能有自己的主见，男人才会时时刻刻喜欢着她。

温小柔这才明白，是自己原来对待男人的方式有问题，恰恰是她安心做男人的保姆的作为把他们的婚姻逼上了绝路。女人的溺爱会让男人不把自己放在心上，甚至轻视自己。男人是有多面性的，他们喜欢温顺、体贴、百依百顺的女人，同时却不住地把眼睛和心放在那些有个性的女人身上。在他们看来，那样的女人才有看头，那样的女人才精彩，也只有那样的女人让自己的生活不会太乏味。因为她们有自己的想法和态度，有自己独立的空间，而不是整天围着男人转，越是这样的女人越是惹得男人想要征服。而这样的女人对男人好一点儿，对他就是一种恩赐，是值得骄傲的。男人总是喜欢挑战，而不喜欢唾手可得的事物。对于那种甘心做保姆的女人，虽说男人身体不累，可是他的心会累，他会出现审美疲劳，他会越来越发现这样的生活没有情趣可言，因此对她们不会放在心上。所以，女人想通过成为男人心目中的好女人这种方式抓住男人的心，那可就大错特错了。

这么一说，女人们就恍然大悟了。原来一心一意服侍他反而害了自己，不把他当回事反倒能让他巴结着自己，那对自己可是好事一桩。既然这样才能抓住男人的心，那就干脆让他做女人的保姆，自己做他的女皇。这样的生活女人也愿意享受啊。如果你现在正这样想，那我劝你赶紧打消这个念头，因为这根本是女人的痴心妄想！

不让你做他的保姆，只是说女人不能丧失自我，但是这并不是让你完全放弃照顾他的责任。男人找女人为的是什么？一半是因为爱情，另一半可就是因为女人能够照顾他，给他把家撑起来。你要是做一个女王，把什么都撂给男人了，家庭重担、家务重担，他如何承受得起？这时候的他就心理不平衡了，心中也不免要想：你吃他的用他的，还要他伺候你，这算怎么一回事嘛！这种情况下，你还想他对你好，那就真的是做梦了。更惨的是，时间久了，男人忍受不住的时候，你的婚姻就处在危机中了。

对待男人要把握一个度，不让男人觉得你的伺候是理所当然，不要让他觉得你只是他的保姆，女人一定要有自己的主见，要为自己谋点儿利益，不能让他觉得他是你的全部。一切都在一个“度”字上，这个度就看你怎么把握了。

培养会做家事的男人

《喜羊羊和灰太狼》不仅赢得了小孩子的心，更赢得了女人们的心。女人们喜欢的可不是那些聪明的小羊们，而是为了把老婆视为至上的灰太狼。连歌曲中都唱开了：要嫁就嫁灰太狼。由此可见女人的择偶标准，她们要的就是“灰太狼”这样的男人，爱老婆、疼老婆，为了老婆，包揽了家中的所有事务。确实，这种好男人哪个女人都想要。可是这世上纵使男人千千万，热爱做家务的男人却屈指可数。于是女人们只能感叹，为什么自己找不到这样的好男人呢？事实上，不是自己找不到这样的好男人，而是好男人是需要女人去调教的。虽然社会一直提倡男女平等，但如今依旧是男权社会的事实并未改变。在所有人的观念中，大家依旧习惯地觉得家务活儿就应该由女人来做，男人天生就可以什么都不理会，女人也习惯了扮演家务承当者的角色。记得小时候，吃完饭都是女孩子洗碗，而男孩子却什么都不做。如果女孩子表示不满意或抱怨，父母就会来一句：“男孩子怎么能做家务呢？”这句话让所有女孩子觉得无奈。所以，在这样的情况下，家务事只能女人去做了。

可女人也不是天生就会做家务，女人的能干还是靠后天培养出来的。既然女人能被培养出来，男人一样也可以。他的父母不愿意，那就只有你来改变他了。

赵敏原本是个活泼开朗的女孩，然而结婚后整天没完没了的家务，将她身上所有的棱角都磨掉了。每天下班回来都不能好好休息一下就要洗衣、烧饭、擦窗、抹桌子，让赵敏心中很是不爽，赵敏厌烦了那样的生活。其实她知道自己不是个懒女人，以前一个人在外面也是自己照顾自己，只是这两个人不比一个人，事情要多得多。人的体力是有限的，两个人的事由一个人来承担，赵敏哪里受得了？尤其是看见老公回来什么都不问，吃了饭就看电视，她心中就更是不爽。为什么男人就可以在家里作威作福，女人就要累死累活，这也太不公平了。

时间长了，赵敏觉得自己被折磨得快变成怨妇了，甚至和朋友说她想离婚。朋友都一个劲儿地劝她，事情好像也没糟糕到那个程度，无非就是家务太重，让老公帮忙就好了，他爱你的话会乐意帮忙的。赵敏一声叹息："让他做家务，这真是痴人说梦。他连衣服都不会洗，以前都是他妈跟前跟后伺候他，现在就轮到我了。"可朋友都说自己的老公也一样不会做家务，现在还不是乖乖地听老婆的吩咐？大家都说赵敏的老公那是被"宠"的，要是一直这么宠着，他自然什么都不会做。听朋友这么说，赵敏一想也是，如果只因为做家务这一样烦恼就放弃一段感情，不免也太可惜了。

但要改变一个男人，让他学习做家务，可不是一件容易的事情。于是朋友又提供了一些自己成功的做法，赵敏也决定回家试试。实话实说，赵敏夫妻二人的感情还是不错的，老公也一直挺疼赵敏，平时的小礼物总是不断，所以见赵敏说拖地扭了腰，立马就让赵敏休息一下。赵敏听取了朋友的建议，越是累越要坚持，让老公看着心疼，就只能一把夺过拖把自己干起来。等老公打扫完之后，赵敏的一个香吻让老公狠狠美了一把。

赵敏就这样利用朋友教的办法，让老公主动走上了做家务的行列。事情少了，而且两人一起做也起劲儿，存在于两人间的矛盾也自然化解了。赵敏现在觉得自己的老公是那样的体贴，幸亏当时没有轻易放弃。

许多结婚前娇滴滴的姑娘，之所以结婚后变成了家庭怨妇，都是拜琐碎繁杂的家务所赐。可是女人常常就只是一味地抱怨自己的命不好，怪自己嫁了个不知道心疼人的老公，同时哀叹自己为什么身为女人。可除了抱怨，女人就没辙了，眼睁睁看着自己的婚姻毁了才得到解脱，却从来没想过去培养自己的男人。既然女人已经被家务折磨得快要发狂了，何不让男人来帮忙呢？

多年前就有句话说，好男人背后一定有个贤惠的女人。要知道，好男人不是天生的，需要女人后天的调教。试想，如果被赋予可以不做家务特权利的不是男人而是女人，女人大概也不愿意去主动做家务吧！人人都有惰性，但是人人都是可以培养的，所以女人想要幸福还得自己争取。

有人说，让自古就可以不做家务的男人做家务，那可是一件相当困难的事情。但是困难不代表没办法，赵敏的老公就从来不做家务，不一样被赵敏培养成好男人了吗？归根结底，这培养是要有技巧的。你光大声喊着“给我做家务”，他多半不会理你。要是你正玩儿得开心，别人让你做事你会高兴吗？这时候，你就要动用自己的智慧了，不妨换个方式，让他主动就不一样了，赵敏的“苦肉计”就是一个好办法。现在的夫妻大多是自由恋爱才结婚的，感情基础很牢靠，特别是新婚的小夫妻，老公是非常在意自己的老婆的，要是老婆一不小心“受伤”了，那老公肯定心疼死了。这时候要是她还是执意要做家务，那老公可是绝不同意的，所以他便不得不自己出手了。这就是利用了男人怜香惜玉的心理。

除了以上这种方法，女人也可以假装害怕。比如厨房里有蟑螂，你不敢再进去，然后老公勇敢地跳出来，之后就只能是他来处理残局了。但这些还是不够的，你还要给他一点儿“小奖励”，那就是好好夸他几句，让他为自己的劳动感到自豪。要知道，男人是用来夸的。

好男人每个女人都想要，如果有也早就被一抢而空了。既然好男人这么难找，那我们就不要舍近求远了，不妨把自家男人培养成自己想要的模样。培养男人做家务，你可不能笨笨地直接表达，而是要用智取胜，让男人心甘情愿地接受你的改造，只有这样，你才能打造一个真正的好男人。

男人做事后要及时给予肯定

巧巧跟韩岳结婚半年多了，感情一直好得不得了。但是最近巧巧却发现老公韩岳有些古怪，他最近总是爱生闷气，无缘无故就板起脸，一句话也不说，和他说话也爱理不理的。韩岳生气很奇怪，比如他本来好心帮妻子在家做家务，可是看到巧巧回家后，刚刚还很开朗的脸色马上就开始变了；还有他刚刚从超市回来，带着一堆东西，把东西放下后，脸上也是不高兴的神情。

韩岳到底是怎么了，巧巧实在是想不明白，难道韩岳是有什么事瞒着自己？巧巧带着疑问找到我，向我诉说她的苦恼。“我家韩岳真的是很顾家的男人。”提到韩岳时，巧巧显得话很多，“可以说，他是一个真正的好男人，家中很多事都不需要我操心，平常家里需要添置什么，我还没想到，他就已经买回来了。还有，很多家务事他也会主动动手做，根本不用我说。他还是一个有情调的人，经常逢到什么高兴的日子他就会给我买回礼物……”

说着，巧巧又叹了口气：“但是他最近的行为很奇怪，怎么总是无缘无故一个人闷闷不乐呢？我都不知道自己做错了什么。”我问巧巧，韩岳最近有没有什么不好的行为。巧巧说这些日子韩岳刚刚向一家娱乐场销售了一批灯箱。

说到这里，巧巧突然恍然大悟：“对了，肯定是他这次灯箱生意亏了，所以才会这样。”

“好你个韩岳，做生意亏钱了还敢回家给我脸色看，看我回去怎么收拾你！”巧巧马上起身要走。看到急急忙忙的巧巧，我又好气又好笑，我拦住她，给她讲了一些道理。

我说，假如韩岳真的是因为在生意上亏了才对你使脸色，你更不应该回去和他吵闹。要知道，他辛辛苦苦挣钱都是为了家庭，生意亏了也不是他愿意看到的，这时候他更需要你的支持和鼓励。现在的社会，男人真的是很难啊，他们无怨无悔，不辞辛苦。他们为家所做的一切，是不计代价、不图回报的，只希望能从爱人口中听到一句：“亲爱的，你辛苦了！”男人表面看着总是坚强的，能抵抗许多挫折和打击，实际上他们内心有时会脆弱得像个小孩子，需要鼓励和安慰。像韩岳，正如你口中所说，他确实是个好男人，可是如果他在生意上受到打击了，我想他现在更希望从你这里得到安慰。你要是回家再责备他，他心里怎么受得了？

听我讲完这些，巧巧很惊讶，她说自己一直以为，以夫妻间的亲密关系，不应该计较这些的，应该是有什么说什么，如果做错了也要去表扬，这样的生活不会显得太虚伪吗？我对她说，这不叫虚伪，是你对他为家所做的努力的真诚赞扬。不要小看这几句简单的表扬，这些在家庭生活中是很重要的。男人往往就会因为你几句表扬而振奋起来，在很多事情上做得更好。有些时候，男人做错了什么事，他们心里本来就不好受，所以你尽量不要责备他，因为他的初衷往往是好的，是为了把事情做好。如果他在你这里得到的总是责备，而不是鼓励的话，那有一天，他有什么事也就不愿意和你说了。那时候你们的夫妻关系就不妙了。

后来，我又给巧巧讲了一些我同事姗姗在这方面的经验。

我同事姗姗有一个幸福美满的家庭，有一次，我们几位同事谈起怎样抓住老公的心，问到她是怎样做的，她说其实很简单，就是尽量找机会来夸赞她老公。姗姗说男人是天生爱面子的，希望听到别人夸，所以一有机会，她就会让她老公表现一番，然后好好地夸他一顿。这样，老公会很受用，从而对自己更加好了。比如姗姗想让她老公做菜，就会说：老公，你做的什么什么菜好好吃，我现在想吃了。她老公马上就会乐颠颠地跑进厨房去。而姗姗呢，就可以去做自己想做的事了。等到吃饭时，姗姗就会对桌上的饭菜赞不绝口，边吃边夸。老公听了可高兴了，一点儿也不会觉得累。

有一次，姗姗的老公自己从商场买回一件衣服送给她，那衣服很显土气，可是姗姗仍然很高兴地说："老公你真好，这件衣服好漂亮，我好喜欢！"语气是很夸张，但是姗姗说，这种时候你千万别说他不对。如果你说不喜欢，不是明摆着打击他的积极性吗？男人这次受打击了，以后还会再给你买东西吗？

过了两个星期，巧巧又来找我了，她说这次是来感谢我的。原来韩岳真的是做生意时一时疏忽吃了点儿亏，所以他心中一直不高兴。但是巧巧说，她知道真相后，没有和韩岳吵，而是两人商量，找到一位朋友帮忙，尽力弥补了一些损失。韩岳看见老婆如此通情达理，还这么体贴自己，更加对巧巧宠爱有加了。

男人就是个小孩子，当他做错了事情时，他需要的是你的理解和安慰。你千万不要横加指责，那只会让他对你失掉好感，同时，当男人帮你做了什么事情的时候，不管事情大小，你都要及时给予肯定，男人得到夸奖后，会更乐意为他的女王效劳。

婚姻需要自由的空间

大多数女人认为，想要管住一个男人就必须抓住两个方面：男人的钱包和手机。经济和行踪都管理好了，一个男人想花心都难。

男人有钱就变坏，这似乎已经得到了大量事实的验证。为此，有些女人干脆把老公的工资先统一收缴“国库”，再按月发饷。这样做，尽管从管理力度上来说非常彻底，但从技巧上来讲却不近人情，而且男人出门在外要靠钞票充门面。我们可以每个月“征收”老公工资的一部分，作为家里的公共基金，当然你也要上交，这样既不会让老公觉得受到不平等的压榨，又达到了给老公钱包缩水的效果。

哪怕你再想知道老公的行踪，也不要贴身追踪，隔两三个小时就打电话查岗，这样做的结果只会让老公厌烦，更伤害了男人的自尊。作为女人，最糟糕的是把自己心爱的男人“推”出门去。下面的杨依莲就是这样一个例子。杨依莲每天一下班就直奔家里，看到老公在家就兴奋得要死，又是端茶又是递水，一直坐在老公旁边。老公喝过水了，她又赶紧问老公饿不饿；老公吃完饭了，她又问老公还吃不吃水果；老公接个电话她会仔细查问打电话的谁，是男是女，等等。结果，老公嫌她太唠叨而经常抱怨、指责她。就这样杨依莲整天围着老公转，完全没有自己的生活圈子。她甚至将自己挣的钱全都交给老公保管。朋友不止一次地劝过她，自己的钱自己保管，别把钱都给了老公，因为他都是拿去吃喝玩乐，也是浪费。可她偏偏听不进去。后来，老公终于有外遇了，她更是整天守着他，经常打电话骂那第三者。第三者说了一句：你知道为什么他要和我在一起吗？你最好自己检讨检讨，没有哪个男人愿意身边围着一只苍蝇一直嗡嗡嗡地叫，睡觉也叫，吃饭也叫……杨依莲就是因为把丈夫看得太紧，最终把老公“推”向了别人的怀抱。

喜欢自由是人类的天性。作为社会主角与家庭主角的男人在这方面尤为强烈。在男人眼中，自由比爱情甚至生命都重要，剥夺了他的自由，就等于拿走了他的全部，因而，这是他的最怕。

女人总以为夫妻双方毫无间隙是最好的状态。为了婚姻的幸福，一些女人几乎把全部身心都投在男人身上，将男人网在自己的世界里，像藤缠树那样不肯给他们半点儿活动的空间。但一番苦心却往往创造适得其反的结果。有人说过一句这样的话：“有一点儿事全告知女人的男子，多半是新结婚的！”由此可见，已婚的男人对自由的渴望之深。

女人们自认为自己的手段高明。她们总是在不知不觉之中一点点地剥夺男人的自由，改变男人的生活方式。起先她还只是随口问问你中午和谁一起吃饭，刚才到哪里去了，等等，等到有一天，男人会突然发现，原来自己的一切行踪全在她的眼皮底下，甚至有时她还会先告诉你这个假期应该做什么，不应该做什么。

结了婚的男人常有被女人监视的感觉，即使是在吃饭的时候，都感到女人在盯着自己，这使他们难以忍受，甚至有时候他们想去健身房锻炼一下也要事先请示一番。无论何时，无论何地，都会有她的电话，经常被她盘问行踪，每一个决定都要根据她的意思，就像小学时的班主任一样。

这些女人不懂得，你越想抓住男人，男人就会越感到反感。一旦被女人管到了无法忍受的地步，男人便会不顾一切地逃避而去。到那时，女人就该呼天抢地了。

夫妻之间的最恰当距离是若即若离，结了婚也保持恋爱时双方的相对独立性和自由度，反而会激发相互间的吸引力。当然，女人们免不了担心牵挂，这也无可厚非，但聪明的女人绝对不会采取密不透风的监视方法，她们会选择其他的方法达到自己的目的。

其实我们完全可以先进入老公的社交圈，与老公的同事、朋友交朋友，如果可能的话，更要跟他们的太太交朋友。一旦太太同盟形成，老公们的行踪便尽在掌握了。

事实上，并非所有管老公的妻子都担心老公在外面有外遇，而是因为太心疼对方，什么事情都想替他操心：他约了朋友吃饭到点了还在上网，你要管；他的表妹过生日，他买了个公仔作礼物，你还是要管；他哪怕是去银行取个钱，你都担心他把密码告诉别人。为什么你事事都想管着他呢？是因为你爱他。曾经有人说过："当你觉得这个男人像孩子一样，任何人都可能欺负他的时候，证明你已经爱上他了。"

可是，可爱的女人们，你们可知道，他在认识你之前，还不是一样活得好好的，一样和上司朋友打交道，一样给表妹过生日，一样去银行取钱。说不定你这样管了，你的老公还不会领情呢。他会觉得你不信任他，在你眼里他什么都不是，从而产生了逆反心理，以后做什么事情，去哪里见谁，再也不让你知道了。

还要提醒你的一点是：千万不要把婚姻看做生活的全部，而对老公过于依赖，以免这个城堡不堪重负被压垮。除了婚姻还有很多其他社会活动需要你的参与，譬如工作、关心父母、朋友、自己，以及各种广泛的社会活动。如果把自己的一切都和他绑定了，那你也就成了他的附属，这样于自己是一种枷锁，于别人是一种负担。

男人就像女人手中的一把细沙，握得越紧，丢得越快、越多，所以女人别把男人看得太紧，给他一片自由的天空，这样你也许会得到更多。所以，夫妻间彼此都给对方留点儿私人空间比较好。

所以，每一个身为人妻的女人，都应该做到以下 3 点：

（1）给男人一片与同性朋友们消磨时光的空间

男人很少能够做到像女人一样天天圈在家里却心旷神怡，他们需要更大的活动空间。而放他们去和同性朋友一起玩乐的最后结果，往往是他们会更加快乐地回家陪你。

（2）给男人一片和其他女人交往的空间

男人天生喜欢寻找和欣赏异性身上的美，但并不是所有的男人都见一个爱一个。事实上，对女人有好的欣赏力的男人，倒多半会很好地爱妻子。

（3）给男人一片情绪调整的空间

男人在一生中不可能永远一往无前，大多数男人总会有周期性情绪波动和行为上的调整。鞭打快牛的结果往往适得其反，男人并不总是需要激励，甚至于在男人不求进取时保持适当沉默是一种宽容。

婚姻不是男人的“改造所”

生活中，经常会听到女人抱怨自己的爱人：“我说了多少遍了，你就不能改改？！”其实这种抱怨实在没有道理：每个人都有自己的自由，为什么对方一定要听你的，按照你的心意去改？试图通过爱情改变一个人，这是女人一厢情愿的想法。

天底下没有完全相同的两片叶子。两个背景、经历、性格、性别都不相同的人，即使彼此非常相爱，也不可能做到步调、习惯完全一致。真的完全一致的话，恐怕也就没什么意思了。女人有一种以自我为中心的倾向，认为对方爱自己，就要为自己做出改变。为什么要改的一定是对方，而不是你自己？

男人最爱的是自由。当他爱上一个女人的同时，并不希望在爱的约束下丧失自己的一片天空。爱情里的默契、宽容和理解对男人很重要，因为这种爱不致阻止男人身心释放地闯荡人生。要强调的是，在男人的眼里爱情并不代表人生的全部。

阿红是一位有两个孩子的母亲，她的丈夫是一个多年来一直醉醺醺没工作的男人。大部分时间都靠她每个月2000元的工资养家，丈夫酗酒的坏毛病让她非常烦恼，她迫切地希望改变丈夫。所有让丈夫戒酒的办法她都试过，但均告失败，无一能持久。她无力改变他，她的痛苦和失望也越来越深。

有一天，她有了生活中的重大发现，"我根本没有办法改变我的丈夫，解决不了他的酗酒问题。"她告诉自己，"但那是他的事，不是我的事。我无力改变他，也不能解决他的问题。我不能替他生活。他是个病人，是个酒鬼，我必须马上放弃努力让他戒酒的想法。从现在开始，我不再用他的问题来折磨自己。事情是怎么样，我就怎样接受。"

"我当然会照顾他，因为他是我的丈夫，无论如何我爱他，但我不会再尝试去改变他了。我将按他本来的面目接受他，并在这种条件下，尽我所能把自己和孩子们的生活安排好。"这位太太最终向自己承认她无力改变丈夫。她的新观念为自己和孩子们都创造了奇迹。这种新观念没能让丈夫把酒戒掉，只有他自己可以戒。但是，除了他仍酗酒外，太太和孩子们又都过上了相对正常幸福的日子。

爱情不是改造所，爱一个人，就要接受他的全部，就要全心全意地包容他，而不是一心想着改造他。如果你的爱情里，你始终对你的另一半存在着改造心理，幻想着通过自己的努力和爱，让对方有朝一日能变成你心目中完美的男人，无数的事实已经证明：你注定是要失望的！真正爱一个人，是相信他、接受他、包容他、支持他，不要想着改变他，要让他的生命里因为有了你，而得到更多的信心、力量和支持，人生的梦想得已更快实现。

我们都有这样的体验，我们很清楚自己的缺点，知道如果能够改正的话，自己就能够提升自己，就能够升职加薪，就可以实现梦想。这个缺点可能是你不善于社交，可能是你长相平平，还可能是你做事情缺少恒心。可是，这么多年来，你有没有改正自己的缺点？没有吧，那是因为改变自己真的很难。你连自己都改变不了，为什么还要强求别人做出改变呢？

己所不欲，勿施于人。既然连自己都改变不了，就不要试图改变任何人，用欣赏的眼光去欣赏你身边的人，你会发现原来每个人都是独特的。当你爱上一个人时，就要做好他会一直是现在这个样子的准备，你要想好你是否能够接受他的现状。如果能够接受，你们就可以在一起继续交往下去。如果不能接受，那么你最好还是放弃吧，他为你做出改变的概率是微乎其微的。

当你试图改变他的时候，这种想要控制别人的欲望，会让你爱的人感到被控制和窒息。没有了自由，男人就没有了一切，任何男人都不会接受这样的改变。如果你坚持改变他的话，那么最终他会选择他的自由，而不是你。

当你尝试去批评、指责别人，希望别人依照你的意愿去做事的时候，如果用这段时间去改变你自己，也许比改变别人获得的价值要高许多。学会用爱去包容，真正的尊重你的另一半，你会发现幸福其实就在你身边。

宽容，但不要纵容

宽容大度是一个女人身为妻子的一项美德，但有些人却因此走入了一个误区，把宽容当成了纵容，万事唯丈夫是从，丈夫的话就是真理，丈夫的任何行为都无可挑剔，就算他染上什么不良的恶习也是一百个支持。这样的老婆就一定会得到幸福吗？

宽容本没有错，但是宽容也是要讲原则的。无伤大雅的小毛病可以不予计较，但要染上害人害己的恶习就不能坐视不管了。

生活是一个大染缸，对自己要求严格的人往往能抵制住不良习惯的侵蚀，而生活不检点的人则往往会染上不好的习惯，甚至染上一些恶习。作为染上恶习的人的丈夫或妻子，完全有责任帮助他或她戒掉不良的习惯。

欲帮爱人戒掉不良习惯，改邪归正，有一个前提就是，你必须确信你是对的。也就是说，之所以要帮爱人戒掉这种习惯，并不是因为他的这种习惯和你的习惯不同，而是因为这种习惯的确不好，戒掉之后对爱人有好处，对你也有好处，比如他愿意穿西装，而你却要让他穿牛仔裤。如果你确信你是对的，可按下面的方法去做：

（1）对爱人做一番心理分析，然后找到治病良方

欲帮爱人戒掉不良习惯，我们可以先摸清他的心理，然后再来对症下药。根据不同的症状施以良方，收效可能会明显一些。

（2）根据爱人的性格提出相应的要求

心理学家指出，行为的良性矫正即“系统脱敏”法，要根据行为不

良的人的性格而采取不同的方法。也就是说，如果有不良习惯的爱人性格是外向的，做事果断利落，属于多血质或胆汁质气质的人，对他可采取“突进”法，采用强迫手段，限期让他改正不良习惯。如果有不良习惯的爱人性格是内向的，办事沉稳拖沓，属于黏液质或抑郁气质的人，对他可采取“渐进”法，采用诱导和逐日递减的办法，让他逐步改掉不良的习气。比如吸烟，对内向性格的人可劝导他逐日减少吸烟量，由原来每天两包渐渐减少为一包、半包、几支，直到彻底戒掉。

（3）根据不良习惯所潜伏的危害程度采取不同的对策

除了要根据爱人的性格提出相应的要求外，对于不良习惯所产生的危害，也应做具体分析，根据其不同的程度而采取不同的对策。比如嗜烟、贪玩儿对己对人不会产生太大的危害，属于一般性的不良习惯，可采用渐进法，让爱人渐渐改掉，而习惯性酗酒和赌博对己，尤其对他人和社会会产生大的危害，属于一种恶习，就必须采用突进法，以坚决的态度让爱人立即改正。

（4）做到动之以情，晓之以理

一些人想帮助爱人戒掉不良习惯，然而帮来帮去，却收效甚微。原因在于，他们不能以平等的态度对待染有不良习惯的爱人，而总是对爱人横加指责或直接命令，结果造成对方反感和不服，事与愿违。因此，对染有不良习惯的爱人进行帮助，要做到动之以情、晓之以理，使爱人看到不良习惯会产生的恶果，使他们明白即使不良习惯不会给本人带来太大的危害，那种消耗时光、消费钱财、耽误青春的做法也会让人感到羞愧和惋惜，使他们从我们和蔼的或是严厉的态度中能感受到一种爱的温暖和鞭策。

（5）要循序渐进，持之以恒

不良习惯的戒除正如它的形成一样，并非一日之功，需要一个过程。如果不懂得循序渐进，不注意分阶段采取措施，操之过急，求成心切，结果会适得其反。所以，对爱人的帮助不仅要动之以情、晓之以理，更要循序渐进、持之以恒。那么，你的“将革命进行到底”的愿望最终就不会落空。

婚姻这条小船在人生的路上航行，总要遇上许多风吹浪打，只有两个人一起努力才能使它永不沉没，驶向幸福的彼岸，女人的责任也很重。对于男人，你可以宽容他的缺点，但千万不要放任他的恶习。

第八章

男人的尊严不容挑战

——不要碰触男人的底线

女人们经常犯的错误是，总把自己当成女王，以为自己可以呼风唤雨。女人要这么想，那可就真的错了。男人可以对你说甜言蜜语，可以为你做很多很多事，但不代表他们是女人的奴仆，实际上，他们认为自己是女人面前的大英雄，他们的尊严是不容挑战的。如果女人敢于触犯男人的底线，让男人觉得没有尊严，那么女人的苦日子也就不远了。

千万不要说伤他尊严的话

语言其实是我们在交往中最强大的武器，一句“对不起”可能使冷战中的夫妻之间的坚冰立刻消融。男人的自尊心比女人强得多，所以他们更不能忍受让他们感觉到“侮辱”的话语。争执时，妻子口不择言的一句“我真是错嫁你了”或“我忍耐你很久了”，都会深深地伤害老公的尊严。根据一项调查显示，两性关系中女人最伤男人尊严的一句话就是“我真是不该嫁你”。说出这句话的女人，可能没有多想什么，只是发泄自己的情绪，但她们不知道，这句话已经严重伤害了男人的尊严。

大学毕业以后，秦娟和相恋5年的男朋友携手走进了婚姻的殿堂。在柴米油盐的平淡日子中，两个人的摩擦不断，似乎“两天一小吵，三天一大吵”已经成为固定模式。枯燥的生活让秦娟一天比一天烦闷，情绪也一天天变坏，她经常对丈夫说:“我真的后悔嫁给你”、“你看看某某，比你强多了”、“我已经忍耐你很久了”。每次说完这些话时，她也能感觉到老公的眼中有一抹黯淡扫过，然后就像泄了气的皮球一样，坐在沙发上一言不发。秦娟其实自己也知道这些话伤害了爱人，但是每次吵架的时候还是忍不住脱口而出。终于，在又一次争吵后，老公提出了离婚。

他说他真的无法忍受妻子一次次践踏他的尊严。直到这时，秦娟才幡然醒悟，原来这些话真的很伤人，但是上天却没有给她后悔的机会。

在现实生活中，像秦娟这样指责爱人的女人并不少见，因为她们不知道“我真后悔嫁给你”、“我已经忍耐你很久了”这些话伤害了男人的尊严，触及了他们的底线，会给夫妻间的感情造成无法弥补的伤害。女人的心很脆弱，其实男人的心何尝不是？每个人都渴望获得伴侣的欣赏和信赖，尤其是自尊心强的男人，一句“老公你真棒”，就可以温暖爱人的心。爱人的责骂会让男人感觉到自惭形秽，使他感觉自己在爱人心中的地位一落千丈，觉得自己一无是处，渐渐地失去自信心。所以，在和老公争吵时，无论你有多么气愤，多么想发泄心中的怒气，一定要告诉自己要克制。你可以指责他们粗心、大意，也可以批评他们小气，但是却不要轻易说出“我后悔嫁给你”、“我忍你很久了”这样的话。

为了使夫妻感情能够更坚固，除了避免说诸如上面的那些伤人的话语，还要在平时注意多说一些使男人感动的话，因为男人都喜欢听好听的话。如“无论你将来怎么样，我都选择陪伴在你身边”、“嫁给你是我这一生做得最英明的决定”、“你对我来说很重要”等，结婚后女人认为说这些话很难为情，而且觉得没有必要。其实她们不懂，虽然看似平淡无奇的一句话，却能够深深感动爱人，温暖他们的心，使他们深切地体会到你的爱意。只有感受到你的关怀和支持，男人爱你的心才会更加坚定。

爱情是婚姻的基础，但真正使婚姻长久的其实是双方的用心经营。婚姻其实是很脆弱的，禁不起反复地摧残，而且需要我们细心地呵护。

所以，要想让幸福长久，就要多做一些使爱人暖心的事，少做一些伤害感情的事；多说一些使男人感动的话，少说一些伤害爱人尊严的话。要知道，男人的尊严就是男人的底线，越过这条底线，你的幸福也就离破灭不远了。

男人的理想不容践踏

每个男人都有自己的理想，有的男人胸怀大志，希望能够建功立业，有的男人有自己独特的追求，希望实现自己的人生价值。不管这些理想是大是小，都是需要男人不懈努力的，他们把理想看得至高无上，这几乎是他们生存的价值所在。

然而实现理想的道路是曲折而漫长的，什么情况都有可能发生。据史书上记载："姜太公八十遇文王。"你想想看：姜子牙钓了六七十年的鱼，才终于实现了自己的人生理想。更何况，有的人奋斗一生，也会因为这样或那样的原因不能实现自己的理想，最终抱憾终生。

不要苛求男人在年轻的时候就一定要实现理想，因为这不是因人的意志而改变的。

姜子牙年轻的时候就经常被别人瞧不起，其中最过分的就是他的老婆，最后认定姜子牙这辈子没出息，跟别人走了。后来，姜子牙终于被封王拜相，一步登天。前妻回来找他，想和他和好。姜子牙说：我泼一桶水在地上，你如果能划起半桶，我就答应你的要求。结果，老婆拼命地划啊划，才只划起一点点。平日里对人宽厚仁慈的姜尚竟然想出这种不可能完成的任务，足以看出他心中对这个女人的怨恨。

男人爱美女，但是他们更珍视的是能够和自己患难与共，能够一直在身后默默支持自己的女人。无论遭遇什么样的挫折，女人都会相信他，支持他在实现理想的道路上继续前进。如果你不能理解男人的理想，那至少要做到不要践踏他的理想。要知道，理想是男人生存的价值所在，践踏他的理想，就是碰触了男人的底线。

对于他们来说，男人的理想是制造财富的动力，有理想的男人才能在事业的路上走得更远、更好。他们树立理想，不仅希望能够获得事业的成功，也希望能够改变自己的生活状态，使家人过上更好、更舒适的生活。可是有的女人似乎不能了解男人的心思，反而嘲笑他们的理想，这在男人看来，就是看不起他做老公的资格。

小容的男朋友小广是一家科技公司的职员，是个很上进的年轻人。有一次，他兴致勃勃地告诉小容自己的理想是将来自己创业，创办一家软件公司，自己研发新产品。他本以为小容能够为他有这样的理想而感到自豪，但是没想到小容却给他泼了一盆冷水，“你以为创业这么容易吗？哪儿来的资金？而且你要自己承担风险，你有那个能力管理一家公司吗？”小容不屑地说。听完这番话，小广感觉十分失望，他认为小容根本不信任自己，而且还看不起自己的工作能力。

被自己的女人看不起，这无疑会伤及男人的自尊心。一般来说，男人有理想是上进的表现，不仅表明他们有事业心，不肯落后他人，同时，在潜意识中，他们认为理想也是让女人心生崇拜的。他们希望通过树立理想，督促自己不断进步，而不是每天做一个庸庸碌碌、浑浑噩噩的人。自古以来，有理想也是男人有责任心的表现，“治国、齐家、平天下”被他们视作天生的使命。有这样远大的志向做指引，他们不断地前行，不但为了更好地报效国家，更为了让自己喜欢的女人获得幸福。所以，对他们来说，理想不单单只是理想，更是评价自己做老公是否合格的准则。而你瞧不起他的理想，在他们看来，自然就是瞧不起他们做老公的资格了。这对男人的打击是很严重的，久而久之，他就会远离你。

你也许会说，有时候我只是实事求是，从现实出发说出自己的想法而已，难不成还要为了讨好对方而认同他不切实际的理想吗？我只希望他能够踏踏实实，不要痴心妄想。其实，所有事情都不是绝对的，每个人的潜力也都是无穷的。既然我们已经知道在男人心中理想的重要性，那么如果你真的爱你的男人，就不要伤害他的自尊心。

如果你的男友或老公对你谈及自己的理想，不要因为它不切合实际就马上给他泼冷水，因为这会使男人感到很受伤，自信心也会受到打击。当然，脱口而出的夸奖也是不好的，而是要假装经过一番思考之后再作出认同，因为盲目的夸奖这会使他认为你在敷衍他。

男人都是有野心的，你要做的首先是认真听完他的理想，然后赞美、肯定他的进取心和责任心，最后要做的，也是最重要的，你应该帮助他分析一下理想的可行性。在一般人看来，理想就和梦想差不多，一般是难以实现的。俗话说“当局者迷，旁观者清”，作为一个旁观者，你应该帮助他分析一下他的理想是不是符合现实情况，以及是不是适合现在马上采取行动去实现，帮他分析他的优势有哪些。

如果你真的这样做了，男人会非常庆幸自己找到了一个如此有头脑又善解人意的好女人。相反，假如你对他的理想嗤之以鼻，早晚你会发现他也会对你嗤之以鼻。

你的强势让他觉得自己无能

男人骨子里都有英雄情结，自古以来，他们都以顶天立地的男子汉自居。基于这种心理，他们更喜欢小鸟依人般的女人，因为她们柔弱的样子能够激起男人的保护欲，使他们感觉到自己很强大。大多数女人是天性柔弱的，她们希望得到男人的保护。但是也有一些女人，她们是“武则天”式的性格，偏偏喜欢在男人面前表现出自己比他们更强的样子。

这里又不得不说男人的自尊心了，男人希望在女人面前成为英雄，但是如果女人反而比他们强，职位比他们高，赚钱比他们多，这无疑会让男人有挫败感，会让他们觉得自己无能。所以说，女人太强了，对男人不好，对女人自己也不好。王佳是一家外企的销售部经理，事业成功的她，在感情的道路上却并不顺利，她的感情之路布满荆棘，困难重重。“我不喜欢没有能力的男人，但是一旦有比自己优秀的男人出现在我的身边，我又总是情不自禁地想要超越他，想要表现出比他更优秀。这让许多男人觉得和我在一起有压力，感受不到女人的柔情，因而提出分手。其实，我也希望自己表现出柔弱的一面，但我似乎天性就争强好胜，老是把男人当成自己的对手。”王佳沮丧地说。案例中的王佳是一个典型的女强人，她面对的尴尬问题，几乎是每个女强人都会面对的。现实社会中，心理素质能够像《婚姻保卫战》中许小宁那么好的男人真是少之又少，而宁愿在家当“家庭煮夫”的更是凤毛麟角。男人的英雄情结不允许他们甘居女人之后，那样只会让他们觉得耻辱。

男人就是这样的动物，他们宁愿选择付出更多的努力来使自己的妻子获得更好、更舒适的生活，却不愿意妻子在职场上超越自己，共同改变生活现状。因为他们认为女人比自己强，就像拿刀戳自己的伤疤。和这样的女人在一起，他们只会感觉到上了战场，会一直有压力。

很多女强人讽刺这是男人可怜的自尊心在作祟，其实不尽然。中国几千年的传统文化的影响根深蒂固，要想使一部分男人完全抛弃大男子主义观念，比铁树开花还要困难。而且，男人从小接受的教育就是要承担家庭责任，保护自己的家人。他们认为自己承担照顾家庭、妻子的责任责无旁贷，而且男人就应该是强大的一方，就应该把妻子置于自己的羽翼之下来保护。

这种状态一旦发生变化就会让男人觉得接受不了，本来那个需要自己保护的人飞出了自己的翼下，能够和自己分庭抗礼了，甚至还事事比自己强，他们当然无法接受。而且有的男人还会感到深深的自卑，认为自己没有能够尽到做丈夫的责任，这当然会影响两个人的感情，长此以往，婚姻也不会幸福。那么，面对这样的情况应该怎么办呢？

（1）学会撒娇

聪明的女人知道怎么才能讨男人欢心，那就是在家一定要做一个小女人。比如，虽然自己有能力买一件首饰，却一定要老公买给自己，这能够使老公感觉到在财力上自己还是有优势的，满足一下他们的大男子主义虚荣心。

（2）表现出自己的柔情

女人是水做的，柔弱不仅是女人的特权，而且是收服男人的致命武器。如果你是个女强人，不妨故意表现出柔弱无助的一面，如向老公倾诉一些工作中面临的困难，寻求爱人的帮助，使他感觉到你对他的依赖。又如，在自己痛苦的时候，投入老公的怀里寻求安慰，都能够使男人感觉到自己是保护者。

（3）让男人做一家之主

在家庭中，一些琐碎的小事，你可以自己处理，但是面对大事，一定要由丈夫做主，比如孩子到哪个学校上学、要不要买车等，因为这能够使他们感觉到自己是一家之主，也能够使他们的责任心得到满足。

（4）多多征询老公的意见

21 世纪的女性，都要求独立自主，但是，有的时候，面对老公也需要表现出自己的不自主来。比如，想要获得更好的职位之前，征求一下老公的意见。这会让老公觉得你很重视他。

我们不能避免有些女人就是天生强势，相对于普通女人来说，她们付出的要更多一些，不仅仅是工作上的努力，更要在家庭上多费心思。女人要时时刻刻考虑老公的感受，学会在生活中表现出自己的柔弱，让老公感觉他是你的依靠。只有这样，才能维持婚姻中的平衡。

你的猜忌会让男人发狂

在现实生活中，有人用“放养”或“圈养”这两个词来描述女人对自己丈夫的态度。所谓“放养”，就是对男人放任自流，给予充分的自由。所谓“圈养”就是从生活、工作和经济上都对男人管得严，把男人处于自己的掌握之中。很多女人认为对男人就是要“圈养”，要对他们看紧点儿，以防他们行为出轨，思想“堕落”。这种女人会紧盯着自己的男人不放，如同福尔摩斯对罪犯一样。

其实，她们走入了一个误区。要知道，人人都有逆反心理，女人对丈夫看管得越严，她们的紧盯不放有时候会使得自己的丈夫感到被约束。当丈夫对妻子的这种行为感到烦恼的时候，他们更容易去找一个人倾诉和发泄，女人反而不知不觉中把丈夫推向了出轨的可能，这是女人始料未及的。婚姻既然叫围城，那它就比围城外多了一份安全感，这种安全感来自婚姻中夫妻双方的信任。如果缺少了这份信任，围城就会有倒塌的危险，幸福婚姻便不复存在。

许多媒体曾报道过一个陕西妇女的事情，她对自己的丈夫缺乏信任，总是不断地猜忌。后来她竟然像福尔摩斯一样，不断地追踪丈夫，搜集婚外情证据，并和一些经历相似的中年妇女一起成立了一个专门调查婚外情的女子侦探所。从道义上讲，也许她们应该得到支持，能够得到理解。但从现实挽救婚姻的角度，这并不是很好的做法。

信任是婚姻最基础的元素。找人来调查，就是对丈夫的不信任。如果丈夫是清白的，那么他会觉得很生气：“我辛辛苦苦为了这个家在外面没日没夜地打拼，得不到你的安慰和关心，却遭到这样的怀疑，值得吗？”如果丈夫确实有了婚外情，这样的调查可能把他逼上绝路。男人可能并没有想过离婚，可是你这样的逼迫会让他面临丢掉工作、失去社会形象和名声的危险，这等于把他往另外一个女人怀里推。可见，女人用调查的方式来拯救婚姻是南辕北辙的下策。

猜忌是婚姻中的大忌，同时也触犯了男人的底线。男人是天生爱自由的动物，他要是知道自己身边睡着一个对自己秘密调查的女人，不疯掉才怪呢。很多女人在婚姻生活中因为不信任丈夫而心存哀怨，从而矛盾多发。实际上，猜忌多是因为沟通不畅而产生的隔膜，更是女人的一种不健康的心理。夫妻间的猜忌有时就像野草一样，一旦有了存在的空间，就会肆意疯长，而后就很有可能变成“有鬼的捉鬼，没鬼的生鬼”。这就得不偿失了。方同是个很有才华的男人，同时也长相俊美，这让他的太太对他很不信任，他只要接到一个电话，他的太太都会上网用最快的速度查清是哪里的号码。不仅如此，她还每天往方同的公司打五六次电话进行“查岗”。这种反常的举动使得公司的同事和上司都对他侧目相看，他的事业因此受到了影响，他的情绪也一落千丈，整天在不安和痛苦中煎熬，几乎陷于崩溃状态。这种情况下，他再没有心思工作，处于半失业中。一段时间之后，方同再也无法忍受这样的生活，他准备和太太认真地谈谈，并做好了离婚的打算。不得不说，确实有很多男人喜欢拈花惹草，这是因为男人都是好奇的，好奇心让他们更容易关注那些难得一见的人、物、事。越是难以得到的东西，越是容易增长他们的好奇心、追求欲。然而这并不代表他们一定会付诸行动。但是如果女人对男人管得太严，排查得太苛刻，反而更容易让他们滋生叛逆的心理，更让他们有借口揭开心中好奇的东西。相反，如果你学会适当地放开他们，让他们更自由地去揭开心中的好奇，那好奇也会让他们感到索然无味，他们也就会失去了探秘的兴趣。到最后，男人还是会觉得只有你才是最适合自己的女人。

婚姻是一种社会关系，组成婚姻的男女双方，在考虑是否和对方结婚的时候，除了考虑约定俗成的条件以外，信任这个因素是至关重要的。女人通常会对一个可以信赖的男人托付终身。男人也一样，他绝对不会娶一个让他时刻处于紧张状态的女人。古往今来的门当户对、媒妁之言大行其道，就是因为中间人如簧巧舌几番言辞之后，将男女双方的家庭背景，历史渊源，成长经历，言行举止等，描绘得更可依赖，从而使信任感在双方心里更快地滋长。既然已经有了一定的信任基础，在以后的婚姻生活中，女人就应该给予对方足够信任的空间，也只有相互信任，婚姻的琴弦才可能弹奏出和谐而动听的乐章。

女人一定要记住，猜忌是男人的大忌，所以不要再用放大镜去审视和猜忌你的男人，而应该像放风筝一样把男人安心地放出去，给他想飘远的自由。当他飞不动的时候再牵他回来吧，他会乖乖地回到你手里的。

你的唠叨让他逃之夭夭

我们常常听到自己的妈妈或者别人家的阿姨每天不停地数落自己的

孩子和老公，哪怕是一点儿小事，这些情景让你觉得可怕。可是当你步入婚姻后，就会逐渐发现自己也变得爱唠叨了，为什么呢？

结婚前，很少有女人爱唠叨，因为她们比较轻松，用不着担心家庭问题、孩子问题。可结婚之后，女人渐渐变得爱唠叨了，尤其是上了一些年岁的女人。

青春的流逝让她们倍感伤心与无奈。同时，在生活、工作中力不从心的感觉也让她们焦躁。偏偏她们的苦恼又得不到别人的理解，比如挣扎在社会夹缝里的丈夫和正处于叛逆期的子女。在这种情况下，她们只有通过不断地重复自己的观点，来吸引人们的注意，直至这种方式成为一种习惯。

绝大多数女人通常都不承认自己的唠叨，而是认为自己在生活中扮演的是“提醒”的角色：提醒男人完成他们必须做的事情，如做家务，吃药，修理坏了的家具、电器，把他们弄乱的地方收拾整齐……但是，男人可不这样看待女人的唠叨。

女人总是责怪男人不该把湿毛巾扔在床上，不该脱了袜子随手乱扔，不该总是忘了倒垃圾。女人也知道这样做很容易激怒对方，但她认为对付男人的办法就是反反复复地重复某条规则，直到有一天这条规则终于在男人的心里生了根为止。她觉得她所抱怨的事情都是有事实根据的，所以，尽管明明知道会惹恼对方，还是有充分的理由去抱怨。

看看男人的感受吧。在男人心里，唠叨就像漏水的水龙头一样，把他们的耐心慢慢地消耗殆尽，并且逐渐累积起一种憎恶。世界各地的男人都把唠叨列在最讨厌的事情之首。

心理研究人员发现，无论男人还是女人，哪怕是孩子，无休止的唠叨或指责对他们来讲，都是一种间接的、否定性的、侵略性的行为，会引起对方的极大反感。轻则使被唠叨者躲进“报纸”、“电视”、“电脑”等掩体里变得麻木不仁；重则腐蚀夫妻关系，点燃家庭战火。所以有人说，世界上最厉害的婚姻杀手，莫过于男人觉得妻子越来越像妈，而女人发现丈夫越来越像不成熟的、懒惰的、自私的小男孩。不仅如此，生长在爱唠叨家庭里的孩子，很容易成为软弱无能、缺乏个性的人。

所以，一个唠叨的女人，对整个家庭来说都是噩梦。试想当疲惫的丈夫回到家里，便陷入毫无头绪的抱怨和痛苦之中，而这时他最想做的，就是一头冲出家门。而年轻活泼的子女，更不能忍受你的唠叨，就算他们真的很爱你，但是大量的荷尔蒙会使他们做出更让你伤心的反应来。

那么，有心的女人们，如果发现自己不知不觉中变得爱唠叨了，特别是家人开始对自己有不满情绪时，就要引起高度重视了，这表明你需要学习家庭沟通艺术了。

（1）不要重复说同一句话

训练自己把话只讲一遍，然后就忘掉它。如果你必须很不耐烦地提醒你的丈夫六七次，说他曾经答应过要一起去做某件事。如果他现在已经在做了，你就不用再浪费唇舌多说几遍了。

（2）说话时要找好时机

傍晚时分，一家人身心都很疲倦的情况下，唠叨会成为家庭矛盾的导火索。智慧的主妇会创造一个温暖的港湾来接纳家人，夫妻间的矛盾到了卧室再谈，就会缓和许多。

（3）培养幽默感

如果你对芝麻大小的事也会生气，早晚会精神崩溃的。所以要学会以宽容、幽默的态度对待生活中不如意的事，而不是整天紧绷着脸。更别为了一些微不足道的芝麻小事，将爱情变成了怨恨。

千万记住，你不可能用唠叨的话套牢一个男人，这样做的结果，只会破坏他的心情和精神，毁灭你的幸福而已。

初恋女友是他的禁区

初恋是美好的，女人们最难忘记的就是自己的初恋，即使以后遇到了能和自己携手一辈子的男人，在内心的最深处也会给初恋男友留一个特殊位置的。所以，女人大多自认为重感情，而偏偏却觉得男人最爱薄情寡义，分手了就决不再留恋。她们觉得男人不会像女人那样十分看重自己的初恋，把初恋当做一件很珍贵的东西来对待。

如果是这样想，女人你就错了，在你心中初恋是一件很美好的事情，在男人心中也是如此。初恋一般特别纯洁，不会考虑到世俗的各种条件，双方都是发自心底的喜欢，这种感觉只要是个有心人都会终生铭记的，男人当然也不例外。所以，女人不要自以为男人会忘记自己的初恋女友，甚至出于嫉妒或者不屑而打击他的初恋女友。这可是触犯了男人的禁区，他极有可能和你大吵一架。

露露就是在这个问题上栽了跟头，犯下了让自己后悔莫及的错误。

露露的男朋友宋杰长得并不是十分的帅气，却十分有才情，是学校里闻名的才子。在跟露露交往之前，宋杰有过一个女朋友。宋杰的前女友是一个普普通通的女孩子，并不漂亮，个子矮矮的，还有点儿黑。而露露却是一个标准的美女。

隐约中，她却总是觉得宋杰是由于感情受到了打击需要找一个暂时的替代品。虽然没有真凭实证，但露露还是觉得很痛苦。

左思右想，露露决定向宋杰问清楚他的态度再决定。然而，令露露高兴的是，宋杰亲口告诉她，早在几个月前寒假的时候他就已经对她暗暗关注，觉得她是一个十分特别的女孩，不像他的前女友那样普普通通，还十分任性。听到宋杰这么说，露露终于放下了心。从那天以后，露露和宋杰正式成为男女朋友。在两个人的相处中，露露发现宋杰是一个十分随和的男孩，而且十分喜欢自己。当每次她有意无意地问道他的前女友的时候，他都会笑一笑，然后告诉露露："她远远没有你漂亮、体贴……"

听宋杰这么说了几次后，露露也就没有了什么顾忌，并且也从心里相信男人对于前女友是并不怎么在意的。而且宋杰的前女友没什么优点，相比自己而言，宋杰放弃她是最明智的选择了。于是，露露就常常在和宋杰吵架、拌嘴、开玩笑的时候小小地损一损他的前女友。

虽然宋杰好像面上也会有一丝尴尬，但最后总是一笑了事。时间一长，露露就更加肆无忌惮了。有一次露露买了件衣服，宋杰说颜色不太适合她，露露一时不高兴，愤愤地瞪了宋杰一眼："那也比你那个她好看，长得那么矮，穿什么衣服都难看，那么黑还偏偏穿黑色，真是没有自知之明。"没等露露说完，宋杰已经生气地走了。

露露以为宋杰不过只是闹闹情绪罢了，直到第二天她收到了宋杰这么一条短信，才明白事情有多么严重："露露，我很想和你走下去，你是我想一起走下去的第二个女孩，她是第一个。你并不了解她，你们是完全不同的两种类型，她不爱说话，但却是一个十分有主意的人。虽然她不漂亮，和你相比甚至相差太远，但我看中的并不是她的外表，而是她的性格。对你也一样。虽然，她确实背叛了我，但是我们的感情却是真实的。但是，你却不了解这一点，我不明白你为什么老是说她的坏话，你不知道这很伤害我的感情吗？提出和你分手的想法已经不是一天两天了，所以请不要勉强我。你是个好女孩，我只想告诉你，男人也不喜欢女人尤其是自己喜欢的女人贬损他的初恋女友。以后要学会尊重感情，尤其是真情，谢谢你这几个月的陪伴。"

就这样，露露失去了自己喜欢的男人。她并没有再去请求宋杰的原谅，因为她已经明白，自己真的错了，即使挽回了人，感情的伤害已经种下。即使把他追回来，他们之间也不会回到当初了。

男人虽然比女人理智，但他们同样是感情动物。初恋的时候他们肯定是真心付出的，这在他们心中是有独特的地位的。我们都有过这样的经历，小时候爸爸妈妈将自己不喜欢的玩具送给小伙伴玩儿，如果小伙伴损坏了这个玩具，你同样也会哭泣。这其实和感情是一样的，也许你现在不再爱他，但是你们曾经真爱过，那种感觉永远也不会消失。每个人的初恋，包括男人，都会是一个人付出感情最真诚的。

初恋是最难忘记的，初恋女友曾经是男人寄托了深厚感情的一个人。如果一个女人总是在男人面前贬损他的初恋女友，这无异于在贬损他的曾经最真的一段感情，这实际上是在践踏男人的尊严。在男人看来，他为一个女人付出了多少感情，就代表了他对这个女人的认可度有多高。如果你意识不到这一点，一味地恃宠而骄，你毫不在意地贬损那个女人，男人对你的爱慢慢地就会转化成恨。

女人时刻要维护男人的尊严，男人的审美，无论这种认可是对还是错，无论这种认可的东西是曾经还是现在，无论这种认可对自己是伤害还是有利。每个人都有自己的过往，尊重男人曾经的感情，也是对自己的尊重。

别把男人的钱不当钱

女人总爱用金钱来衡量男人对自己的爱。那些愿意为自己一掷千金的男人，在女人看来就是最爱自己的男人；而那些生活节俭，不轻易送女人贵重礼物的男人，则被女人斥责为小气。其实，这个衡量标准是不正确的。金钱是生活的物质基础，现实生活中没有一个人会真正挥金如土，相反，他们会处心积虑让金钱实现增值，这方面男人表现得尤其突出。换句话说，男人有自己的金钱观，这个观念与他是否深爱你没有必然联系。

男人心目中的女人，既要符合自己的审美观，又要和自己的性格融合，还有一点，那就是必须持有同样的金钱观。如果一个女人挥金如土，一点儿不珍惜男人辛苦赚的钱，男人就会怀疑这个女人是爱他的钱还是爱他的人。真正爱男人，想过好日子的女人，是不会挥金如土的。而那些天天做购物狂的败家女，男人可是避之唯恐不及的。

蓝小雨从小就是个养尊处优的人，从不知道节俭为何物。大学毕业后，她经人介绍认识了刘云。刘云是一位公司高管，家里的条件也很好，没多久他们就走到一起了。由于自身条件优越，在他们恋爱交往的过程中，刘云对自己的女朋友一直很大方。

两个人谈恋爱非常之浪漫，经常出入高级西餐厅，并且刘云也送给蓝小雨不少高档化妆品。蓝小雨对刘云的慷慨大方很满意。但是随着两人的深入了解，蓝小雨对金钱毫无节制的挥霍使刘云渐渐产生了反感，也开始思考蓝小雨究竟适不适合做自己未来的妻子。

蓝小雨是天生的购物狂，恋爱后经常拿着刘云的信用卡频繁购买高级时装，有几次几乎刷爆他的卡。虽然自己并不在乎钱，为女友花钱也无可厚非，但是蓝小雨的这种花钱如流水，大肆挥霍的行为还是让刘云受不了。经过再三思考，最后刘云决定和她分手。

而蓝小雨一直不明白刘云为什么要和她分手，她自认为没做过什么过分的事情。那是因为花钱大手大脚已经成了她的习惯，她不觉得有什么不对，而男人却不这么认为。蓝小雨的这种做法触碰到了男人的底线，是男人不能容忍的。那么女人和男人交往的时候，究竟应该如何把握金钱问题呢？有的人主张采用AA制，不花男人一分钱；有的人认为男人本来就是应该给喜欢的女人花钱，所以女人应该把男人当做自己的钱包。

综合分析，这两种行为都有缺陷。俗话说，过犹不及，凡事都应该掌握一个度，金钱问题上尤其如此，不然你就会落得蓝小雨一样的下场。女人应该如何掌握花钱的度，可以从以下几个方面考虑：

（1）看两人的感情有多深

如果你们两个人只是刚开始交往，一切还没有确定，感情并不牢固，那么女人还是需要谨慎对待金钱，不要无所顾忌地把男人当做自己的提款机。因为一旦两个人发现不合适，缘分终结，而在交往期间，你花了对方很多钱，对方很可能心有不甘，到时候牵扯到太多的金钱纠纷会使两个人的关系很尴尬。

反之，如果两个人已经确立了情侣关系，男方已经把你当做最爱的女人，他愿意主动成为你的钱包，为你买单，那么这时候女人还把一切分得那么清楚，会使男人觉得你不够爱他，想和他划清界限。这时候，女人要做的就是如何满足男人的虚荣心，同时又不让男人认为你花钱挥霍。你可以买一些和自己还有男友收入水平相当的化妆品或服装，这些做法会使男人觉得他是你可以托付终身的人，也能感觉到你对他的依赖和信任。

（2）花钱时适当替男人考虑

男人愿意为一个女人花钱有一个前提，那就是喜欢这个女人。要知道，男人买单是一种责任，但不是一种义务。所以，当你不知道是否应该花男人的钱的时候，首先要观察这个男人是不是愿意为你买单。

如果碰巧你的男朋友是一个收入可观，又慷慨大方的人，同时他又非常喜欢你，那么你可以放心地花他的钱。不过需要注意的是，你不要太过虚荣，千万不要拿着男人的钱不当钱，这样可能会使男人因此而看轻你，认为你不是真的爱他，而是爱他的钱。

如果你的男朋友只是一个收入一般的上班族，那么就需要好好动动脑筋应该如何花钱了。你不能因为觉得男人收入不多，就一直拒绝男人的钱，这会使他觉得你看不起他。同样，你也不能无所顾忌地花钱，恨不能把他的卡刷爆，这会使他觉得你不是一个勤俭持家的女人，肯定不会放心地把你娶回家。

一般来说，还是收入一般的男人占大多数，女人要做的就是通过所买东西的价值来决定价位。比如能长时间使用的东西就买质量好的、贵一些的，而容易过时的东西就相应降低要求，买便宜一点儿的。这会使男人觉得你既节俭又有经济头脑，是他心目中的好妻子。

女人一定要有一定的理财观念，既要会花钱又要知道如何省钱，甚至赚钱。不要总把男人当做冤大头，要知道男人对自己辛苦赚来的钱是很在意的。他既然愿意为你花钱，你就一定要知足，切不可太过分。要知道，再爱你的男人也会因为你的败家行为而和你分道扬镳，因为这不符合他们对妻子的期待。

男人最怕“河东狮”

相信很多看过电影《河东狮吼》的人，会对其中女主人公的形象记忆深刻。电影里，她蛮横、泼辣，却对丈夫一片痴情。最后，两人重归于好。

当然，作为电影来说，结尾要戏剧化，有一个比较圆满的结局。但是在现实生活中，如果谁遇到这样一个老婆，恐怕结局就会完全不一样了。

生活中，多了油盐酱醋茶的琐碎，多了鸡毛蒜皮的冗杂。而且，为了生活，很多人还要肩负起一家几口人的责任。上有父母，需要关心体贴，下有孩子，需要教育引导。如果中间再来一个蛮不讲理、我行我素、唯我独尊的老婆，哪个男人还会受得了？在公司听够了老板的说教，回到家里再被老婆耳提面命地教训一通，再坚强的男人也会崩溃，也会失去上进心。

有一个公司在任用人的时候，就先调查应聘者的家庭，看看他的老婆是一个什么样的人。公司老总认为，只有男人有一个好妻子时，这个男人才会表现得更优秀。如果他的老婆是一个“河东狮”，他也不会有什么好的心情和素质，更别说专心致志地投入工作中去了。反之，家里有一个好老婆，男人的心情和状态也会很不错，在工作中就免去了很多后顾之忧，少了很多麻烦事，也就可以全身心地把工作搞好了。虽然说，这个公司用人的标准很奇特，但也特别能说明问题，也反映出社会上存在着的这样一种现象。因此说，女人千万别做“河东狮”。

“河东狮”的女人没有女人味，她会像一个男人一样大大咧咧，蛮横无理。就像电影里的那段经典对白：“从现在开始：你只许对我一个人好；要宠我，不能骗我；答应我的每一件事情，你都要做到；对我讲的每一句话都要是真心。不许骗我、骂我，要关心我；别人欺负我时，你要在第一时间出来帮我；我开心时，你要陪我开心；我不开心时，你要哄我开心；永远都要觉得我是最漂亮的；梦里你也要见到我；在你心里只有我……”好像男人就是她的一个宠物和私人财产，什么事情都要由她来决定，她叫你向东你就别向西走。这样的女人不懂得温柔，更别说会风情万种地莞尔一笑了。因此，你就别想她会用女人的方式来爱你了。

“河东狮”的女人没有气质，也没有魅力。这种女人不会顾及别人的感受，凡事从“我”的角度思维，因此你就别妄想着她会善解人意，温柔体贴了。她不会有时间来读书或是听音乐，她没有意识去做那些可以使人安静，使人走向内敛和稳重的事情。所以，她就不会含蓄，不会谦让，也很难宽容，因此也就不会有什么气质可言了。没有气质的女人自然也就没有魅力。

“河东狮”的女人没有好人缘。这种女人的身上时刻有一种霸气附体，因此别人很难接近，也不敢接近。在家里，她得不到男人的真心体贴和呵护。因为听惯了她的吆喝和摆布，男人想躲还来不及呢，谁还会主动送上门让她虐待啊。大事小事她做主，大事小情要汇报。男人感觉没面子，也很伤自尊心。所以，即使女人是对男人好，男人也不会领这份情。男人不能随便出去应酬，否则就要被她指着鼻子骂。这样，男人在社会上、在朋友和同事面前就很难抬起头来做人，男人的朋友也不敢到家里来做客。这样，女人得罪的不只是男人，还有他背后的那一群人。这样一来，女人就没有人缘了，也不会交到知心朋友。

女人要是变成了“河东狮”，就不会收获事业上的成功和婚姻上的幸福。在家里习惯了丈夫的“言听计从”，在工作中也很容易对别人指手画脚，还容易动怒，容易和别人产生矛盾。而工作中要的就是团结协作，老板看重的也是团队合作，女人也会因此失去领导的器重，搞不好还会被炒了鱿鱼。在婚姻中，幸福的保障是信赖、理解和相互帮助，“河东狮”的女人就完全与此背道而驰了，因此很容易就会给婚姻带来危机和隐患。即使有一部分男人会迫于某些因素而忍气吞声，但一旦他在心理上背叛，这段婚姻，你也就别想拥有幸福了。

所以说，“河东狮”的性格和脾气是要不得的。俗话说：相敬如宾，白头偕老。在爱情中，需要的是理解、宽容、感恩、相互扶持，以及一定的彼此独立的空间和自由。如果说，爱情是一只鸟，男人和女人就是鸟的两只翅膀，少了任何一只，鸟都飞不起来。同样，任何一只翅膀出现了状况，另一只翅膀也会感到疲惫。最终，这只鸟就会跌到地面上，爱情也走到了尽头。在社会上，“河东狮”的女人也很难和别人相处融洽，很难融到一个集体中去，这也会影响女人事业的发展。

或许有人会认为这是个性，其实这是毛病。女人只有保持住自己的本色，发挥出自己的优势，才会成为一个魅力的女人、成功的女人。所以女人别做“河东狮”，即使你有这种倾向，你也应该努力地改变自己，这样，你才会收获甜美的爱情，幸福的婚姻。